Analysis of Typical Cases of
Lightning Strike Faults on Overhead Lines

架空线路雷击
故障典型案例剖析

谷山强　刘敬华　李　健　吴　敏等　编著

内 容 提 要

雷电防护一直是架空线路运行维护及管理人员关注的重点，如何从根本上解决线路防雷问题是提升电网安全稳定运行的关键。本书在长期运行经验、技术研究及实践应用基础上，从各电压等级架空线路雷害特点出发，系统化介绍雷击过程、雷害成因、故障现象、分析手段及过程等。全书共 5 章，第 1 章概述了架空线路的防雷结构、雷击机理及故障处置方法；第 2 章～第 5 章精选了近年来特高压、超高压、高压及中压架空线路雷击故障案例。

本书可供架空线路运维管理与检修人员、监测设备技术人员、防雷机构和企业工作人员参考，同时可作为输电线路和防灾减灾相关专业及管理人员的培训教材及学习资料，以及大专院校相关专业师生的自学用书与阅读参考书。

图书在版编目（CIP）数据

架空线路雷击故障典型案例剖析/谷山强等编著. —北京：中国电力出版社，2022.12
ISBN 978-7-5198-7126-0

Ⅰ. ①架… Ⅱ. ①谷… Ⅲ. ①架空线路－输电线路－气象灾害－故障诊断 Ⅳ. ①TM726.3

中国版本图书馆 CIP 数据核字（2022）第 186628 号

审图号：GS 京（2023）1187

出版发行：中国电力出版社
地　　址：北京市东城区北京站西街 19 号（邮政编码 100005）
网　　址：http://www.cepp.sgcc.com.cn
责任编辑：赵　杨（010-63412287）
责任校对：黄　蓓　于　维
装帧设计：郝晓燕
责任印制：石　雷

印　　刷：北京九天鸿程印刷有限责任公司
版　　次：2022 年 12 月第一版
印　　次：2022 年 12 月北京第一次印刷
开　　本：710 毫米×1000 毫米　16 开本
印　　张：12.75
字　　数：221 千字
印　　数：0001—1000 册
定　　价：76.00 元

《架空线路雷击故障典型案例剖析》

编著人员

谷山强　刘敬华　李　健　吴　敏　王秀龙
许　衡　彭　波　朱　晔　张　勇　周啸宇
姚　尧　王　羽　王晓峰　冯万兴　赵　淳
万　帅　郭利瑞　梁　瑜　孔志战　王　辉
操松元　李　哲　吴大伟　雷梦飞　谢迎谱
任　华　张　璐　王文卓　纪　航　牛　彪
张　旭　刘子皓　王　健　何一川　张晓琴
刘江钒　汤亮亮　曹　伟　张　磊　王　钊

前言

架空线路是新型电力系统能源输送的载体。我国已基本建成以特高压电网为骨干网架、各级电网协调发展的坚强智能电网，线路长度及电压等级均处于世界首位。因电网点多面广的分布特点，线路主要设备均裸露于自然界中，极易受到冰雪、雷击、台风等众多自然灾害威胁。长期运行经验表明，众多灾害威胁中雷击是主要风险源之一，由雷击引起的跳闸故障占故障总数的 40%～60%，严重影响了线路安全稳定运行。

为有效解决电网防雷问题，需充分掌握线路的雷害特征及分布规律，而其根本在于对每次雷击故障痕迹的准确获取、原因的精准分析和性质的可靠辨识。为此，线路管理、运维和技术部门制订了严格的架空线路故障分析模板，开展了长期、大量的雷击故障数据积累与统计分析工作。传统的故障分析重点主要集中在故障痕迹的查找，结合典型运行经验和传统规程法综合开展原因分析，由于缺少量化数据支撑，导致分析效率及结果准确度相对较低。同时，因各地电网架构、拓扑结构、防雷配置、运行环境不同，雷害特点及故障特征差异性明显，且近年来多重雷击、分叉雷、长连续电流等特殊雷击故障频发并逐渐被认识到，线路雷害在数量、性质及危害层面均体现出尚未揭示的特征，传统分析方法难以满足当前雷击故障快速诊断、雷击过程精准分析、雷击性质准确研判要求，针对特殊雷击故障更是难以开展深入的故障分析工作。

随着电网数字化和智能化的快速建设，广域雷电监测、变电站内故障录波、分布式线路故障行波监测、雷击路径光学监测等多种新技术已广泛应用于线路防雷领域的科学研究、状态评估、综合治理与运行维护等工作，这些技术手段及其获取到的监测数据极大地支撑了线路雷击故障巡视分析，分析效率和准确度均有大幅提升。同时，随着科研攻关，电气几何模型、电磁暂态计算程序等关键防雷分析方法的普适性也不断提升，逐步形成融合多维感知数据的适用于各类工程的雷击故障分析方法，在各电压等级千余起故障中得到应用验证和不断完善，现已建立起科学规范的架空线路典型及特殊雷击故障分析路线与流程，为提高线路故障巡视分析效率和准确度，进一步减轻运维管理人员劳动强度提供了有力支撑。

本书在长期运行经验、技术研究及实践应用基础上，从各电压等级架空线路雷害特点出发，系统化介绍了雷击过程、雷害成因、故障现象、分析手段及处置流程等，故障类型涵盖典型常规故障及分叉雷、多重雷击、长连续电流等特殊雷击故障，案例全面、丰富。希望通过本书，一方面为从事雷害分析的技术研究人员详细介绍当前架空线路雷害特征，特别是特殊雷击频发对线路的影响；另一方面，通过详细阐述不同雷击故障分析及处置方式，指导线路运维人员开展雷击故障分析工作；同时，为架空线路运行管理人员充分认识雷害成因、危害及影响提供材料，为更好地管理、开展防雷工作提供借鉴，进一步提升架空线路运行维护水平。

本书全面介绍各电压等级架空线路雷击故障典型辨识、分析及处置方法，共5章，内容包括概述、特高压架空输电线路雷击故障、超高压架空输电线路雷击故障、高压架空输电线路雷击故障、中压架空配电线路雷击故障。第1章阐述了架空线路防雷结构、雷击机理和架空线路雷击故障处置流程及相关手段；第2章～第5章分别论述各电压等级架空线路雷击故障次数、特征，主要痕迹部位及其产生的次生缺陷、隐患；除典型雷击故障外，第2章介绍了特高压架空输电线路因分叉雷、多重雷击及长连续电流导致雷击故障分析案例；第3章介绍了超高压架空输电线路雷电绕击导线后对塔身放电、雷击多回同跳及相间闪络案例；第4章重点介绍了高压架空输电线路雷电绕击、反击故障，包括单相故障、多相故障、多回同跳故障、避雷器保护失效及损坏等案例；第5章重点介绍了中压配电线路因直击雷、感应雷导致设备损坏、线路跳闸案例。

在本书的编写过程中，参与编写的所有作者均付出了辛勤的劳动，其所在单位也给予了大力支持，书中大量的照片也倾注了运维管理、检修、监测设备技术等人员的心血，在此一并致以衷心的感谢！

由于作者水平和时间有限，书中难免存在疏漏和不足之处，恳请广大专家和读者批评指正。

编　者

2022年12月

目录

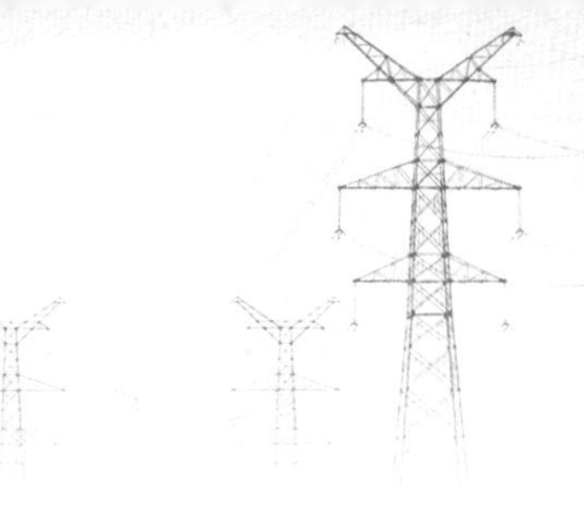

1 概　　述

架空线路作为电能输送的载体，分布于旷野，环境复杂，容易遭受雷击等危险。为有效解决防雷问题，需充分掌握架空线路遭受雷击的机理、故障特点等，并在故障后开展分析，提高运维水平。

1.1 架空线路防雷结构

为保障架空线路在雷击情况下的安全运行，架空线路在电气设计上具有一定的防雷结构，主要由架空地线、绝缘子、杆塔及接地装置组成。

1.1.1 架空地线

35kV 及以上架空线路，一般配备 2 根或 1 根架空地线（也称地线）。架空地线悬挂在最上层横担的支架上，是线路防雷的第一道屏障，雷击时对导线形成的屏蔽保护作用包括：①先于导线拦截雷电，防止雷电直击导线，让雷电尽可能先击中架空地线；②雷击塔顶或架空地线时，使雷电沿架空地线分流和从塔身入地，降低过电压幅值，提高耐雷水平。

雷电绕击导线的概率与架空地线的保护角有关。保护角是指不考虑风偏情况下架空地线和导线（或最外侧子导线）连线与架空地线对水平面垂线之间的夹角，保护角示意图如图 1-1 所示。保护角的定义公式为

$$\alpha = \arctan\frac{d}{h} \tag{1-1}$$

式中：α 为保护角，(°)；d 为导线（或最外侧子导线）挂点与架空地线挂点水平方向距离，m；h 为架空地线挂点与导线（或最外侧子导线）挂点垂直方向高差，m。架空地线总是在导线上方，故 h 总为正值；当导线在架空地线外侧时，d 为正值，α 亦为正值；当导线在架空地线内侧时，d 为负值，α 亦为负值。

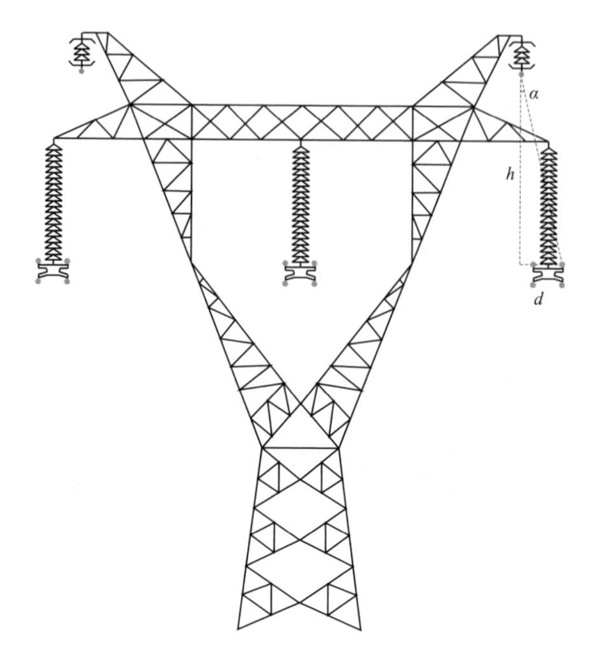

图 1-1　保护角示意图

不同电压等级线路架空地线保护角推荐值如表 1-1 所示。其中，对于绕击风险较高的交流线路，保护角可在其基础上再减小 5°。

表 1-1　不同电压等级线路架空地线保护角推荐值

电压等级（kV）	回路形式	保护角（°）
110	单回	≤15
	同塔双（多）回	≤10
220、330	单回	≤15
	同塔双（多）回	≤0
500、750、1000	单回	≤10
	同塔（多）双回	≤0
±400	单回	≤5
±500	单回	≤5
	同塔双（多）回	≤0
±660	单回	≤0
±800、±1100	单回	≤−10

1.1.2 绝缘子

绝缘子保证线路具有可靠的电气绝缘强度，满足工频、操作和雷电过电压要求，同时与塔头可能存在的空气放电间隙形成绝缘配合。导线和横担之间依靠绝缘子进行电位隔离。对于瓷和玻璃绝缘子串，雷电冲击作用下有效绝缘长度为结构高度；对于复合绝缘子，一般两端设置均压环等金具短接，有效绝缘长度需扣除短接部分。

国内外相关研究机构通过对空气间隙进行高压冲击放电试验，得出不同空气间隙长度下负极性雷电冲击50%放电电压，试验结果如图1-2所示。不同研究机构的研究结果略有差异，但大致趋势相同，当空气间隙长度小于8m时，雷电冲击50%放电电压与间隙长度基本呈线性关系，但当空气间隙长度继续增加时，雷电冲击50%放电电压将趋于饱和。

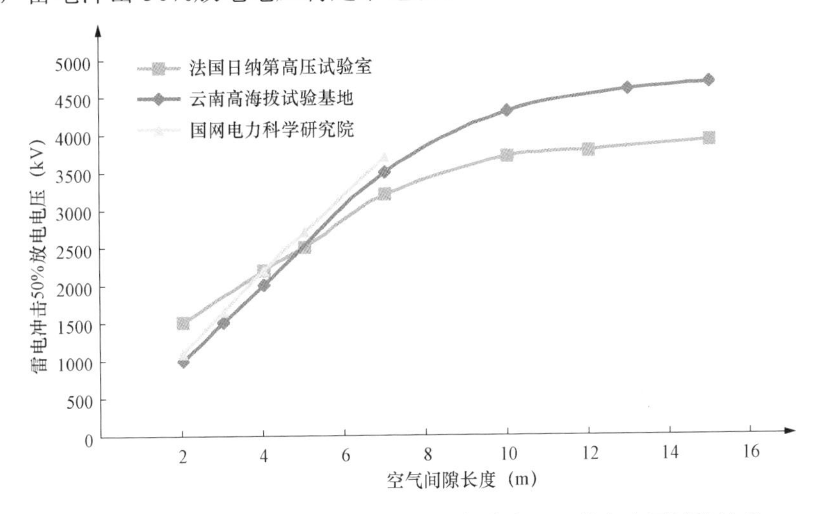

图1-2　不同空气间隙长度下负极性雷电冲击50%放电电压试验结果

在绝缘子串长或放电间隙约8m范围内，即线性区，雷电冲击50%放电电压可近似用下式表达，它基本上确定了线路的绕击耐雷水平。

$$U_{50\%}=533L+132 \tag{1-2}$$

式中：$U_{50\%}$为绝缘子串雷电冲击50%放电电压，kV；L为绝缘子串长或放电间隙距离，m。

1.1.3 杆塔及接地装置

杆塔在横担处悬挂导线和架空地线，塔脚处与埋在地下的接地装置可靠连接，杆塔连同接地装置起到泄放电流作用。电流总是选择电阻小的路径传导，发生雷击时只要能保证杆塔传导雷电流通道阻抗足够低，连通导线有足够的通流截面及良好的导电性，就能迅速将雷电流安全泄入大地。在雷雨季干燥条件下，线路杆塔工频接地电阻值如表 1-2 所示，对于雷电易击杆塔，接地电阻值推荐在此基础上继续减小 3～5Ω。日常运维工作中应保持好接地装置状况，避免锈蚀损坏。

表 1-2　　线路杆塔工频接地电阻值

大地土壤电阻率 ρ（Ω·m）	ρ≤100	100<ρ≤500	500<ρ≤1000	1000<ρ≤2000	ρ>2000
工频接地电阻（Ω）	10	15	20	25	30

注　1. 变电站（发电厂）进线段杆塔工频接地电阻不宜高于 10Ω。
2. 在土壤电阻率超过 2000Ω·m 的地区，接地电阻很难降到 30Ω 以下时，可采用 6～8 根总长不超过 500m 的放射形接地体或连续伸长接地体，接地电阻可不受限制。

架空线路中，地线、导线、绝缘子串、金具、横担或塔身的塔材，都是雷击后容易产生放电痕迹的部位。

1.2　架空线路雷击机理

1.2.1　雷电的形成

雷电是自然界的一种剧烈的放电现象，一般起于对流发展旺盛的雷雨云中，高温、高湿的空气和气流强烈的上升运动是形成雷电现象的基本条件。在由冰晶、水滴组成的雷雨云中，由于上升气流强烈，云中冰晶、水滴相互碰撞，从而使云块带上不同性质的电荷。当电荷聚集较多时，其电场强度可达几千伏/厘米至 1 万伏/厘米。当带有异性电荷的云块相互接近时，便会产生火花放电现象，放电时的电流强度平均可达几万安培至 20 万安培，这就是雷电形成的过程，如图 1-3 所示。

通常情况下，一半以上的雷电放电过程都发生在雷雨云内的正、负电荷区之间，称为云内放电过程，云内放电与发生概率相对较低的云间闪电和云—空气放电一起被称为云闪；其余发生于云体内与大地或地面物体之间的放电被称为地闪，云闪及地闪如图 1-4 所示。平均而言，云闪约占闪电总数的 3/4，而地闪则占 1/4。对地面物体来说，由雷电造成的危害多数是地闪引起的。线路运行经验表明，通常只有满足一定条件的地闪才会导致线路跳闸。因此，本书讨论的雷电若无特别说明均指地闪。

图 1-3　雷电形成过程

（a）

（b）

图 1-4　云闪及地闪

（a）云闪；（b）地闪

1.2.2　雷击线路过程

雷电本身具有短时频发的特点，研究表明一次单体雷暴过程分为发展、成熟和消散三个阶段，其成熟旺盛期的十几分钟可产生整个雷暴过程的大部分闪电。架空线路是电力系统的重要组成部分。由于它暴露在自然界中，所经之处大都为旷野、丘陵或高山，且线路距离较长，杆塔高度较高，因此遭受雷击的概率很大。雷电下行先导自雷雨云向地面随机发展，架空线路杆塔、地线和导线将产生上行先导竞相拦截下行先导，若有上行先导和下行先导相遇，则会在两个先导相遇处产生巨大的光、声、热、电等物理现象，即一次雷击线路过程，产生上行先导的点即为雷击点。架空线路雷击物理过程如图 1-5 所示。

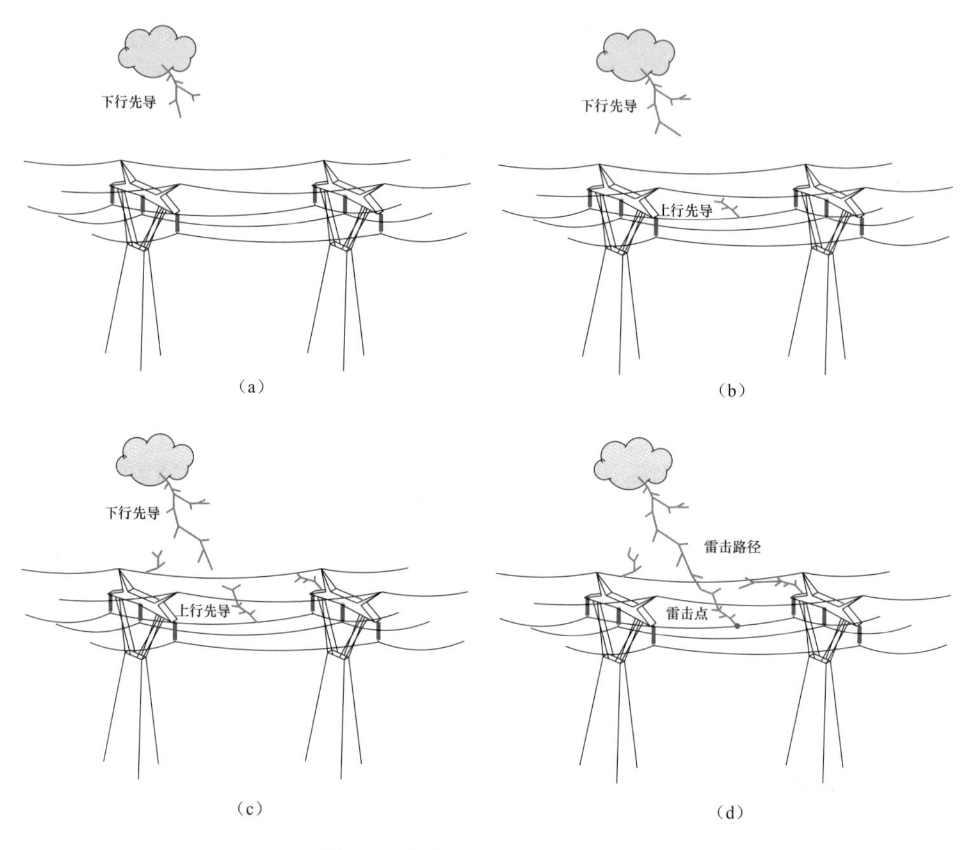

图 1-5　架空线路雷击物理过程

（a）雷雨云下行先导向地面物理发展；（b）导线产生上行先导；
（c）杆塔及地线产生上行先导；（d）雷雨云下行先导击中导线

1.2.3　线路雷击故障特点与辨识

根据雷击点位置不同，常规情况下架空线路发生雷击闪络的情形主要有 4 类：①雷击塔顶；②雷击地线；③雷击导线；④雷击线路附近其他物体，如地面、树木、建筑物等。其中①、②、③均属于雷电直接击中线路产生的过电压造成的绝缘闪络，俗称“直击雷”；④属于雷电击中线路附近物体感应的过电压造成的绝缘闪络，俗称“感应雷”。架空线路常规雷击闪络形式如图 1-6 所示，特殊形式雷击详见本节第 3 部分。

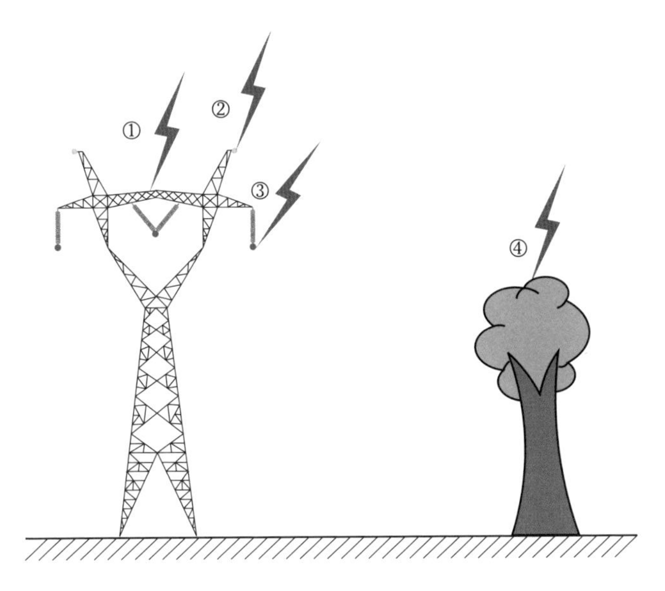

图 1-6 架空线路常规雷击闪络形式

①—雷击塔顶；②—雷击地线；③—雷击导线；④—雷击线路附近其他物体

1. 直击雷

直击雷过电压是指雷电直接击中塔顶、导线、地线等部位而产生的过电压，主要包括雷电绕击和雷电反击。

（1）雷电绕击是指地闪下行先导绕过地线和杆塔的拦截直接击中导线的放电现象，即图 1-6 中的雷击导线，雷电绕击过程如图 1-7 所示。雷电绕击导线

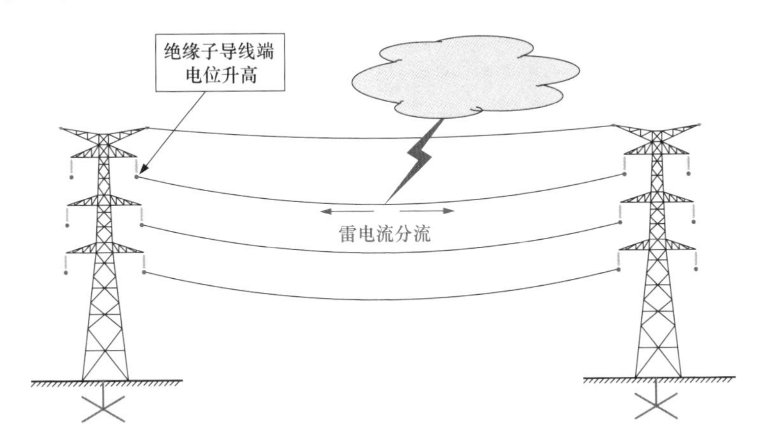

图 1-7 雷电绕击过程

后，雷电流波沿导线两侧传播，绝缘子导线端电位升高，在绝缘子串两端形成过电压，导致闪络。

雷电绕击的影响因素主要包括地线保护角、地形地貌、档距、杆塔高度等。地线保护角的大小直接影响着线路绕击防护性能，当保护角增大时，地线对导线的屏蔽作用减弱，导致导线遭受绕击的概率增加。位于山顶或山坡外侧地形的导线受到地面屏蔽作用减弱，导线引雷面增大，容易遭受雷电绕击；位于山谷或山坡内侧地形的导线受到地面屏蔽作用增强，导线引雷面减小，不容易遭受雷电绕击，地形地貌对绕击的影响如图 1-8 所示。线路的大档距区段一般跨越山谷、河流等，档距中央导线对地高度增加，地面对导线的雷电屏蔽作用减弱，更易发生雷电绕击。在相同幅值雷电流绕击条件下，杆塔增高，即地线和导线高度增加，地面对导线的屏蔽性能减小，暴露弧增大，更易发生绕击。

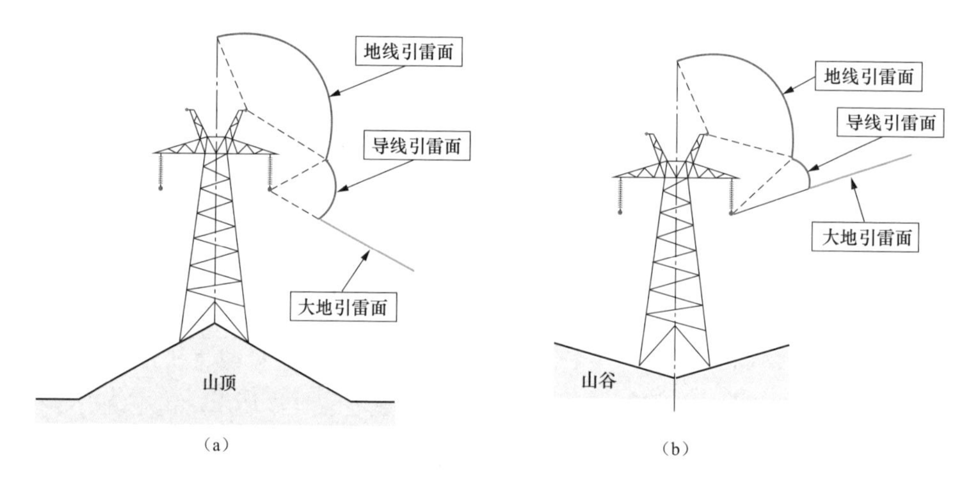

图 1-8　地形地貌对绕击的影响

（a）山顶；（b）山谷

在 330kV 及以上线路中，绕击故障占比一般集中在 80%～90%。

从短路类型看，绕击通常只造成单相接地故障，少数情况可能在耐张塔造成两相间短路故障，这可以通过故障录波中的电流波形特征佐证。发生单相接地故障时，故障相电流与零序电流相位一致，幅值是后者 3 倍，同时故障相电压跌落至较低水平；发生两相间短路故障时，故障相电流幅值一致、相位相反，故障相电压幅值、相位均一致。

从故障相位置看，单回线路的边相、双回线路的中相发生绕击故障的占比最多，但仍有少量绕击故障发生在双回线路的下相和上相。根据某省超、特高压线路近 8 年的雷击故障记录，单回塔的绕击故障仅 4%发生在中相，且均是耐张转角塔的中相，另外 96%的绕击故障发生在边相；双回塔的绕击故障中，53.1%发生在中相，28.9%在下相，17.2%在上相，另有 0.8%是两相同时故障，疑似为分叉雷所致。

从故障痕迹看，绕击故障在导线表面、导线线夹、导线侧均压环往往留下较多烧伤痕迹，形成白斑、缺口和破洞。

从雷电流幅值看，根据电气几何模型（electro-geometric model，EGM），雷电流幅值超过最大绕击电流 I_{sk} 后将无法绕击到导线，雷电流幅值过小时，即使击中导线也不会形成故障，因此造成绕击故障的雷电流幅值应在绕击耐雷水平 I_2 与最大绕击电流 I_{sk} 之间。I_2 通常由绝缘强度决定，还受雷击时刻导线工作电位与雷电极性影响，在相同电压等级内差异不大；I_{sk} 则受保护角、塔高、地形地貌影响较大，特别是山顶、沿坡、跨谷地形可使 I_{sk} 大幅提高，增大绕击发生概率。不同电压等级线路 I_2 与平地情况 I_{sk} 典型值如表 1-3 所示。

表 1-3　　不同电压等级线路 I_2 与平地情况 I_{sk} 典型值

电压等级（kV）	绕击耐雷水平 I_2（kA）	最大绕击电流 I_{sk}（kA）
10～35 及以下	1～4	10～20
110	6～7	10～20
220	8～9	10～20
330	12～13	20～30
500	14～16	20～40
750	20～24	30～40
1000	28～32	30～50
±400	13～15	20～30
±500	15～16	20～40
±660	18～20	20～40
±800	24～30	20～40
±1100	30～40	30～60

从分布式行波监测的暂态行波特征看，雷电绕击在被击的这一相会形成幅

值较大的脉冲，幅值为数百至数千安，行波波头较陡、波尾较短，脉冲宽度一般在 20μs 以内，且在波峰之前没有反极性脉冲，雷电绕击和反击故障形成的暂态行波主要差异如图 1-9 所示。

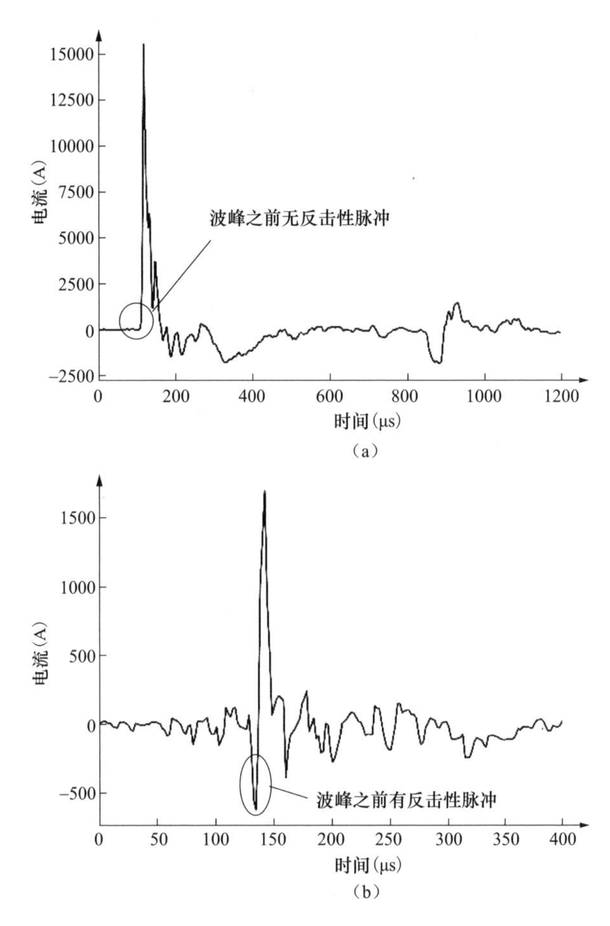

图 1-9　雷电绕击和反击故障形成的暂态行波主要差异

（a）绕击故障行波无反极性脉冲；（b）反击故障行波存在反极性脉冲

从线路跳闸与重合闸（重启）情况看，雷击属于瞬时性故障，重合闸（重启）成功率一般在 90%以上。330kV 及以上线路，绕击故障往往是单相接地故障，跳闸与重合闸单相操作，在重合闸不成功以后三相跳闸。110kV 及以下交流线路，无论单相或多相故障，跳闸与重合闸三相联动操作。对于 220kV 线路，视保护控制策略不同，单相和三相操作情形均存在。

（2）雷电反击是指雷击地线或杆塔，雷电流由地线和杆塔分流，经接地装置注入大地，一般情况下，约 80%的雷电流会经过杆塔入地，剩余 20%的电流向杆塔两侧地线分流。塔顶及横担电位升高，在绝缘子两端形成反击过电压，引起绝缘子闪络。雷击线路杆塔顶部或地线时，由于塔顶电位与导线电位相差很大，可能引起绝缘子串的闪络，即发生反击，雷电反击过程如图 1-10 所示。

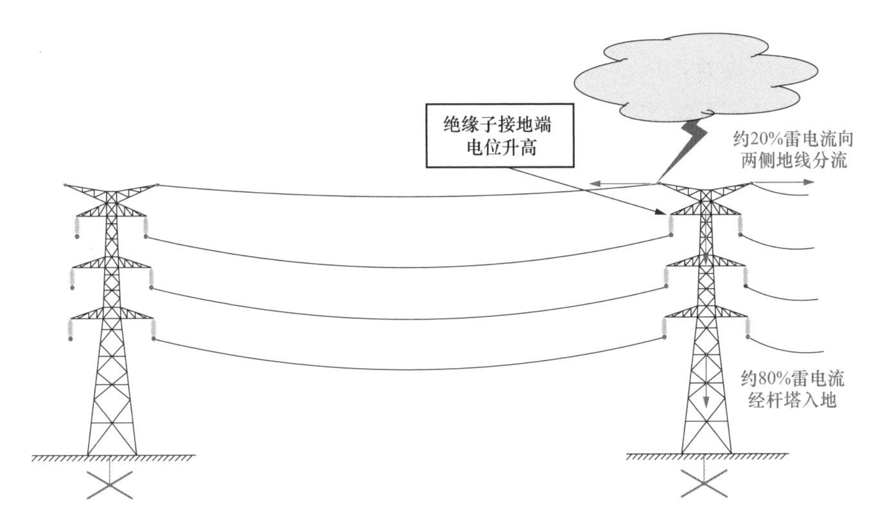

图 1-10　雷电反击过程

雷电反击的影响因素主要包括接地电阻、杆塔高度、档距等。当杆塔接地电阻增加时，增大了雷电流泄放通道整体的阻抗，横担电位升高程度增加，绝缘子承受过电压增加，降低了线路的反击耐雷水平。档距增大将导致引雷面积增加，故大档距区段更易被雷电击中。杆塔高度增大会使杆塔主材波阻抗增大，即增大了雷电流泄放通道整体的阻抗，从而绝缘子两端过电压增大，同时导致引雷面积增大及落雷次数增加，更易发生闪络。

雷电反击故障在高压线路中占比为 30%～70%，在超、特高压线路中占比为 10%～20%。

从短路类型看，雷电反击既可能造成单相接地，也可能造成一回线两相甚至三相同时接地故障，对于同塔多回线路，可能造成双回同时发生上述类型故障，这可以通过故障录波电流波形特征佐证。发生两相分别接地故障时，无前文所列举两种故障的特征，故障相电流幅值较大，三相电流仍保持约 120°的相角差，同时故障相电压跌落至较低水平。一回线发生三相故障时，三相电流、电压均保持对称，零序电压、电流较小。

从故障相位置看，总体上位置最高的相容易发生反击故障，即单回线路的中相、双回线路的上相，但同时反击故障相受雷击时刻导线电压与雷电极性影响较大，分布的集中性不如绕击故障突出。根据某省超、特高压线路近 8 年的雷击故障记录，单回塔发生 10 次反击故障，8 次为中相、2 次为边相，占比分别为 80%和 20%；双回塔发生 17 次反击故障，上、中、下相均有涉及，上相略多。

从故障痕迹看，反击故障除像绕击故障在导线表面、导线线夹、导线侧均压环往往留下较多烧伤痕迹外，还易在地线、塔顶塔材、塔腿引流线留下烧伤痕迹。

从雷电流幅值看，杆塔反击耐雷水平明显较绕击耐雷水平大，需要更大的雷电流才能形成反击故障，不同电压等级线路反击耐雷水平典型值如表 1-4 所示。

表 1-4　　不同电压等级线路反击耐雷水平典型值

电压等级（kV）	反击耐雷水平（kA）
10～35	20～30
110	45～70
220	80～100
330	110～140
500	120～170
750	180～230
1000	220～300
±400	120～150
±500	120～170
±660	140～180
±800	180～250
±1100	240～320

从暂态行波特征看，雷电反击在故障相会形成幅值较大的脉冲，幅值数百至数千安，行波波头较陡、波尾较短，脉冲宽度一般在 20μs 以内，且在波峰之前有反极性脉冲，绕击和反击故障形成的暂态行波主要差异如图 1-9

所示。

从线路跳闸与重合闸（重启）情况看，雷电反击与绕击故障的情形相似。

2. 感应雷

感应雷过电压是指在架空线路附近发生闪电，雷电没有直接击中线路，但在导线上感应出大量的和雷雨云极性相反的束缚电荷，形成的雷电过电压。在架空线路附近有雷雨云，当雷雨云处于先导放电阶段，先导通道中的电荷对线路产生静电感应，将与雷雨云异性的电荷由导线两端拉到靠近先导放电的一段导线上成为束缚电荷。雷雨云在主放电阶段先导通道中的电荷迅速中和，这时导线上原有束缚电荷立即转为自由电荷，自由电荷向导线两侧流动造成过电压。感应雷过电压的产生机理如图 1-11 所示。

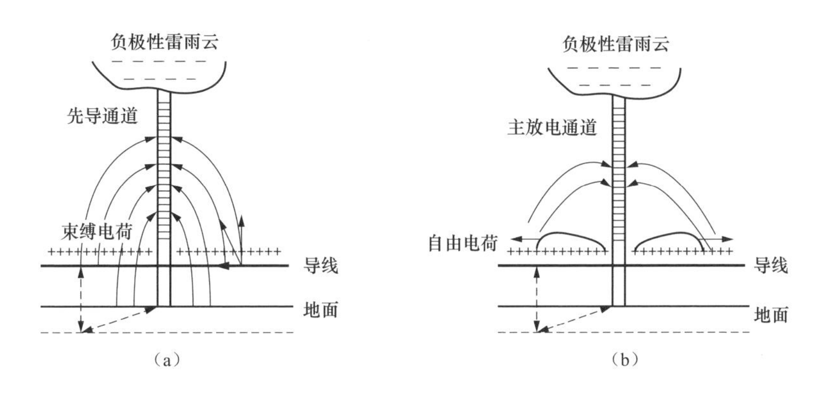

图 1-11　感应雷过电压的产生机理

(a) 先导阶段；(b) 主放电阶段

由于配电线路的主要雷击形式为感应雷，所以线路周边环境对线路影响较大，如线路周边存在建筑物、树木、山体等物体，则会提升感应雷击风险。接地电阻同样是影响配电线路耐雷水平的因素之一，接地电阻增大会导致横担电位升高程度增加，进而降低线路耐雷水平。同时若导线表面有绝缘层覆盖，还将增加雷击断线风险。对于架空配电线路而言，由于感应雷占比较高、绝缘水平低、存在雷击断线风险，故感应雷的危害远大于直击雷。

感应雷主要对 10kV 和少数 35kV 线路造成威胁，往往造成三相同时故障，由于绝缘配置较低，耐雷水平低，直击雷也容易造成三相同时故障，从短路类型、故障相、雷电流幅值、故障痕迹、暂态行波均较难分辨是由感应雷或直击雷形成。

在实际运维管理中，对 10kV 和 35kV 线路的雷击形式也往往不细分，防护措施对感应雷、直击雷均有防护效果。

3. 特殊形式雷击

除前述常规雷击形式，随着监测技术手段的提升，近年来时有发现多重雷击、分叉雷击、长连续电流雷击等特殊雷击现象引发线路故障，往往导致线路重合闸失败或闭锁。

（1）多重雷击是指在数十至数百毫秒时间内连续发生的多次雷击，其中有的雷电流幅值较小未造成故障；有的是在线路重合闸（再启动）过程中，由于去游离不充分形成燃弧导致重合闸（再启动）失败使得线路停运；有的是在线路重合闸（再启动）成功以后，短时内再次造成接地故障，根据系统预设的保护控制策略，不再进行重合闸（再启动）使得线路停运。

多重雷击往往以绕击导线形式出现，对照雷电监测结果，可以从故障录波、分布式行波监测上观察到对应的扰动或故障。

（2）分叉雷击是指雷电地闪多回击和多接地点放电现象，地闪的多个回击可能沿同一放电通道击中地面同一位置，也可能沿不同放电通道击中地面不同位置。在同一次地闪中有多个接地位置的地闪被称为多接地点地闪，也被俗称分叉雷。地闪放电通道形态过程如图 1-12 所示，其中图 1-12（a）为单接地点地闪，图 1-12（b）和图 1-12（c）为多接地点地闪。

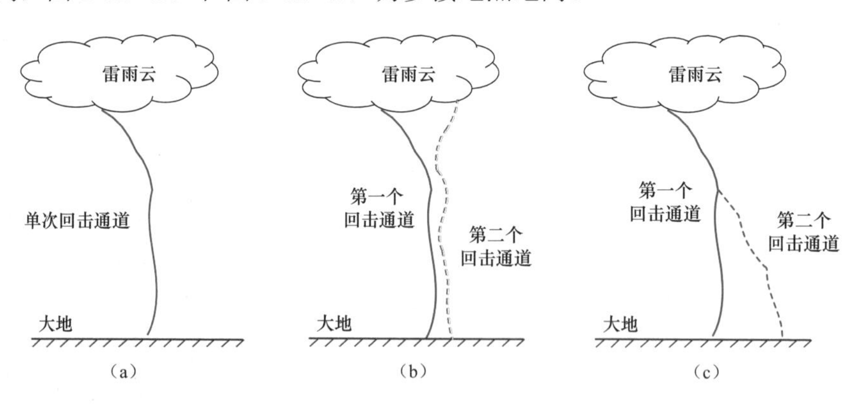

图 1-12　地闪放电通道形态过程

（a）单次回击通道；（b）两次回击通道不重叠；（c）两次回击通道部分重叠

分叉雷击需要通过光学观测获得实质性证据，显示实际观测的一次多接地点地闪的发展过程，多接地点地闪光学图像如图 1-13 所示。据统计，负地闪平均有 3～5 次回击，80%～90%负地闪为多回击，目前记录到的负地闪最多回击次数为 26 次。将文献报道的多接地点地闪特征参数进行统计，如表 1-5

所示。

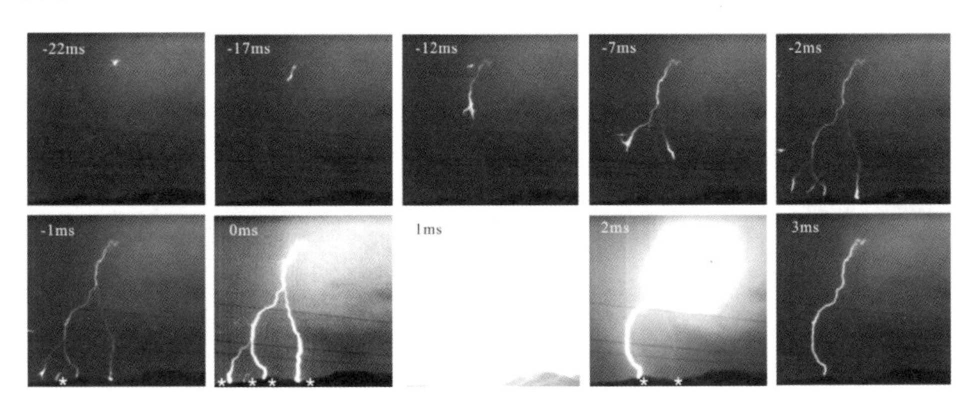

图 1-13　多接地点地闪光学图像

表 1-5　　多接地点地闪特征参数统计

参数	平均值	范围	样本数	来源
占比	15.3%	—	9/59	孔祥帧等（2008 年）
	10.6%	—	18/170	斯托尔滕贝格等（2012 年）
	9.7%	—	35/361	坎佩斯（2016 年）
接地点间隔距离	1.7km	0.3～7.3km	33	索塔皮利尔等（1992 年）
	—	0.2～1.9km	4	孔祥帧等（2008 年）
	2.3km	2.3±1.7km	59	斯泰尔等（2009 年）
相邻接地点间隔时间	—	0.004～0.486ms	9/59	孔祥帧等（2008 年）
	—	0.046～0.110ms	5/246	郭昌明、克莱德（1982 年）
	0.126ms	—	35/361	坎佩斯（2016 年）

（3）长连续电流雷击是指雷暴云中局部荷电中心在闪击之后沿闪电通道对地的持续放电过程中，在两个回击之间，云中的剩余电荷沿着原来的主放电通道继续流入大地，形成连续时间较长的电流现象。典型的多次回击雷电流波形示意图如图 1-14 所示，每个回击都至少有一个短的连续电流，持续时间为 1 毫秒或几毫秒，持续时间超过 40ms 被定为长连续电流。

长连续电流的时间尺度与保护控制动作的时间尺度较接近，在重合闸（再启动）过程中由于持续性电流注入，电弧无法熄灭，引起重合闸（再启动）失败。长连续电流雷击现象主要通过雷电电磁波信号获得实质性证据。

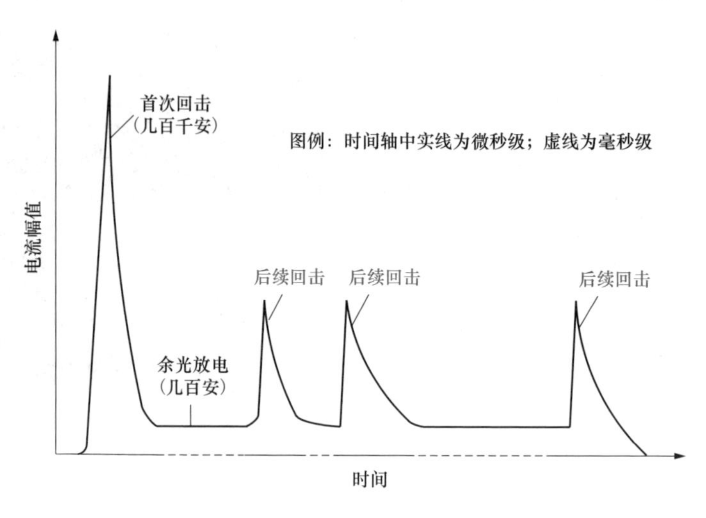

图 1-14　典型的多次回击雷电流波形示意图

1.3　架空线路雷击故障处置

1.3.1　故障基本信息查询

一般情况下，线路发生跳闸后，运维人员将第一时间接到电网调度控制中心报送的跳闸信息，主要包括线路名称、故障时间、故障相别（极性）、重合闸（再启动装置）动作情况、两侧变电站的测距、故障时运行负荷等。若线路装有分布式行波监测装置，则会同时收到该系统推送的跳闸信息，该信息内容包括故障时间、重合闸情况、故障相、故障类型（雷击或非雷击）、故障测距及杆塔号、所属单位等。

根据以上信息，登录雷电监测系统（lightning location system，LLS）进行雷电查询，在查询页面上设定相关查询条件，如线路名称、跳闸时间、查询走廊半径、前后时间等，对雷电信息进行查询。雷电信息查询时，重点关注的量为故障时间、雷电流幅值、雷电最近杆塔。若雷电地闪发生时刻与故障录波或分布式监测装置记录的故障时刻吻合，雷电最近杆塔与变电站或分布式测距定位结果差别不大，则可初步判定为雷击故障。查询雷电时需注意以下事项：①查询时间范围以跳闸时刻为中心前后 1～2min 为宜，半径范围以 5km 为宜，对于山区及雷电监测系统覆盖效果较差的线路，可扩大半径范围至10km进行查询；②若故障发生时刻故障区段内有多个雷电，则应以时间一致性优先匹配为原则，选取造成故障的雷电，参与定位站数较多（最少3个），表明结果准确可靠。如表1-6所示为某次雷击故障查询结果，已知该故障发生时刻为7时29分59秒013毫秒，则由于序号4雷电与故障时刻完全对应，故应选取序号4雷电作为造成此次雷击故障的雷电。

表1-6　某次雷击故障后雷电查询结果

序号	时间	回击	电流（kA）	定位站数	距离（m）	最近杆塔
1	2022-06-15 07:29:58.746	主放电（含5次后续回击）	−18.0	7	10096	910号
2	2022-06-15 07:29:59.000	后续第1次回击	−6.5	3	2856	901、902号
3	2022-06-15 07:29:59.002	后续第2次回击	16.1	9	17308	900号
4	2022-06-15 07:29:59.013	后续第3次回击	−33.7	15	3484	898号
5	2022-06-15 07:29:59.023	后续第4次回击	−12.1	7	961	902号
6	2022-06-15 07:29:59.035	后续第5次回击	−10.1	7	2567	898号

1.3.2 故障杆塔现场勘查

在故障基本信息查询完毕，确定故障区段后，需开展故障杆塔现场勘查工作。到达疑似故障杆塔后，可采用人工登塔、无人机巡视等形式，对杆塔进行观察，重点观察绝缘子串、均压环、导线、塔身、地线、连接金具等部位是否有放电灼烧痕迹。雷击故障后，一般会在以上一个或多个部位产生痕迹，典型的雷击放电痕迹如图1-15所示。

（a）

（b）

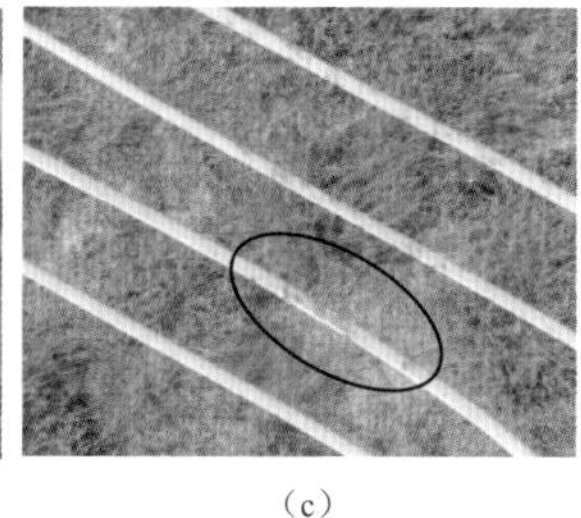
（c）

图1-15　典型的雷击放电痕迹（一）

（a）绝缘子串；（b）均压环；（c）导线

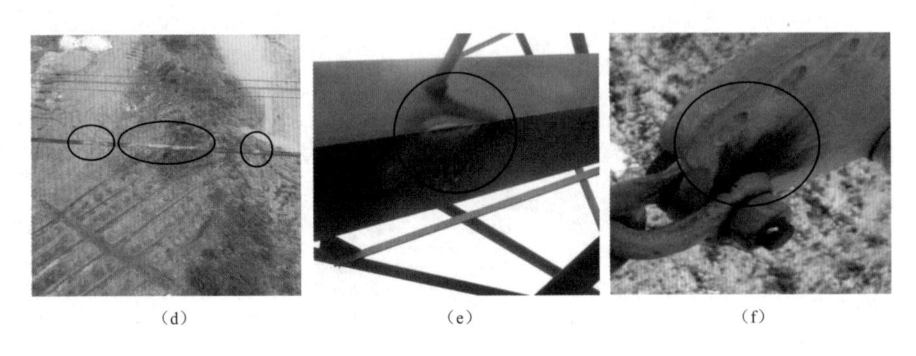

（d）　　（e）　　（f）

图 1-15　典型的雷击放电痕迹（二）

（d）地线；（e）塔身；（f）连接金具

找到故障痕迹后，应对故障痕迹、杆塔全貌、杆塔所处地形地貌、两侧档距全貌进行拍照，并测量记录杆塔的接地电阻。条件允许情况下应走访周边居民，询问故障发生时刻的天气情况。若巡视杆塔未发现放电痕迹，则应向两侧档距扩大勘查范围。

1.3.3　故障分析

1. 故障录波分析

故障录波分析是雷电查询、现场勘查、仿真计算等工作的基础。对故障录波进行分析时，需要重点关注的参量为故障发生时刻、故障发生时各相电压瞬时值及相位、故障相电流与零序电流的关系等。其中故障发生时刻及各相电压瞬时值、相位等信息可直接从录波图中读取，典型故障录波图如图 1-16 所示。

从三相工频故障电流与零序电流关系中可以判断出短路故障类型，主要包括以下几种故障类型：

（1）单相接地短路，故障相电流和零序电流（$3I_0$）相位一致、幅值相等。

（2）两相相间短路，两故障相电流幅值相等、相位相反，$I_0=0$。

（3）两相分别接地短路，故障相电流幅值较大，$I_0\neq0$，同时故障相电压跌落至较低水平。

（4）三相接地短路，三相故障电流对称，$I_0=0$。

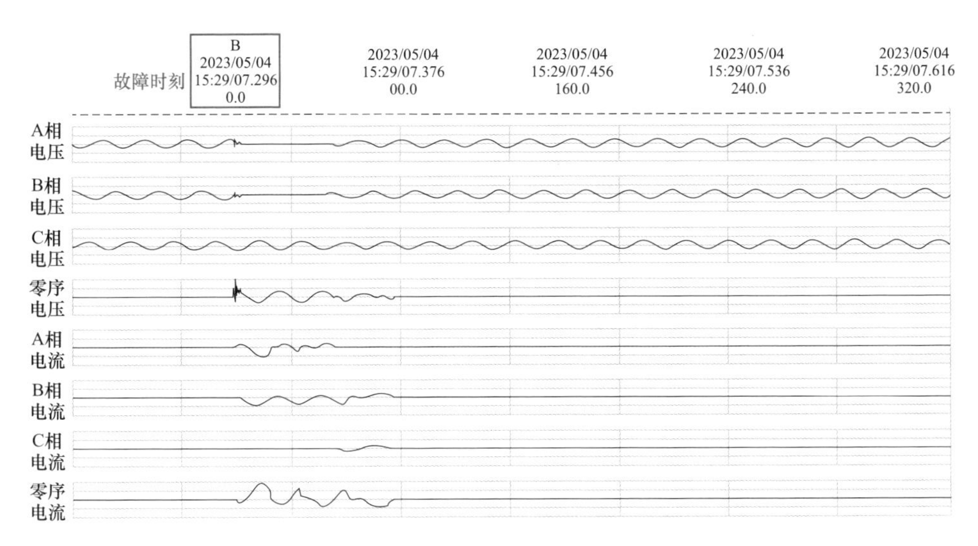

图 1-16 典型故障录波图

2. 分布式行波分析

根据 1.2.3 内容可知，分布式行波分析是故障研判的重要依据。架空线路雷击故障处的暂态行波电流由两部分叠加而成，一是直接雷击落在导线上的雷电流，二是经杆塔入地后反射进入导线的雷电流。由于雷击初始波与杆塔接地反射波的极性相反，两者叠加后使峰值衰减加快，波尾时间变短。因此，雷击故障电流行波波尾时间会小于 40μs（标准雷电流的波尾时间），实测结果一般在 20μs 以内。反击时，雷击塔顶致使绝缘子串闪络前雷电流先流过架空地线，在架空电线路各相导线上感应出一个与雷电流极性相反的脉冲;绝缘子闪络后，雷电流才流过故障相，可见闪络前反击雷害故障相电流存在极性相反的脉冲。绕击时，故障相电流在闪络前后同一雷电流，无反极性脉冲。雷电绕击和反击故障形成的暂态行波主要差异如图 1-9 所示。

3. 仿真计算分析

收集故障杆塔相关资料，主要包括杆塔设计图、档距、地形地貌、接地电阻等，通过电磁暂态仿真程序（the alternative transients program/electro-magnetic transient program，ATP/EMTP），建立故障杆塔雷击仿真模型，杆塔雷击仿真模型如图 1-17 所示，计算出故障杆塔的绕击耐雷水平 I_2 及反击耐雷水平 I_1。

通过先导发展模型或电气几何模型，计算出故障杆塔的最大绕击电流 I_{sk}。一般情况下有 $I_2<I_{sk}<I_1$。将雷电监测系统中查询的杆塔遭受雷击的雷电流幅值 I 与 I_1、I_2、I_{sk} 对比，若 $I<I_2$，雷电流幅值低于绕击耐雷水平，不会造成雷

击故障；若 $I_{sk}<I<I_1$，雷电流幅值超出绕击雷电流范围，且未达到反击耐雷水平，不会造成雷击故障；若 $I_2<I<I_{sk}$，则为绕击故障；若 $I>I_1$，则为反击故障。不同雷电流幅值情况下故障类型如表 1-7 所示。

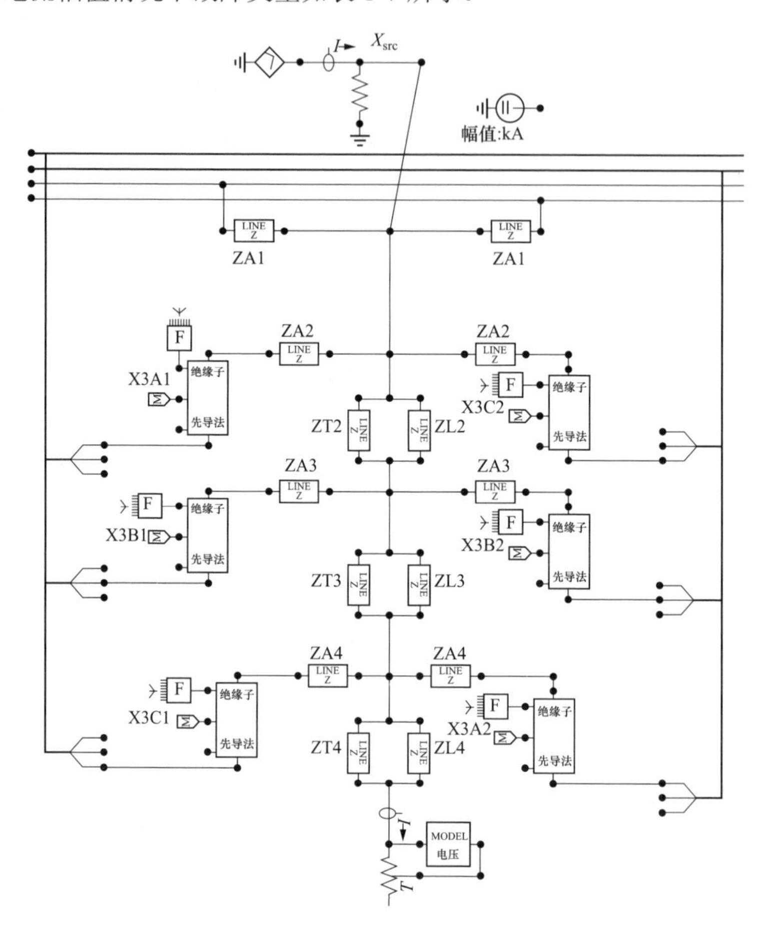

图 1-17　杆塔雷击仿真模型

表 1-7　　不同雷电流幅值情况下故障类型

序号	雷电流幅值 I 范围	故障类型
1	$I<I_2$	不会造成雷击故障
2	$I_{sk}<I<I_1$	不会造成雷击故障
3	$I_2<I<I_{sk}$	绕击
4	$I>I_1$	反击

雷击故障分析流程如图 1-18 所示。

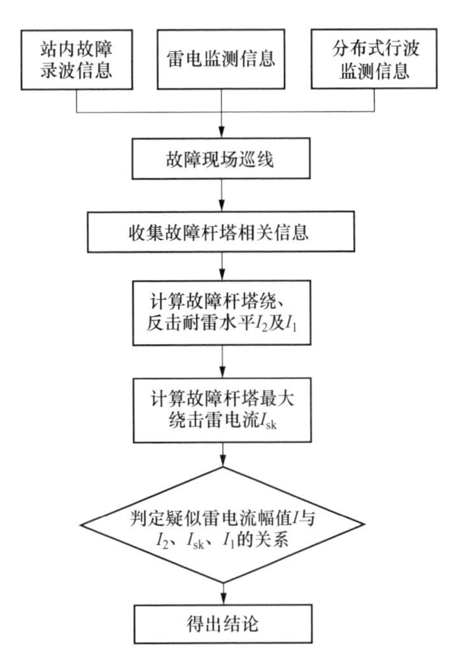

图 1-18　雷击故障分析流程

1.3.4　故障事后处理

对于架空线路雷击故障，在完成故障查找与故障分析工作后，应对雷击故障进行处理，具体处理内容如下：

（1）对故障线路进行雷害风险评估工作，找出此线路的雷害易击段、易击杆塔，在雷害多发期，加强对雷害易击段的雷电监测和防治工作。

（2）根据故障原因分析结果，结合雷害风险评估结果，提出采取的防治措施及理由；如存在多种处理方案，应通过对各种方案经济性的比较分析，给出推荐性的处理意见；若此故障段已进行过防雷改造和治理工作，需分析说明已采取措施失效的原因，并给出下一步的具体治理方案，分析此次故障是否存在普遍性。

（3）制订同类故障隐患排查计划安排，给出相关处理措施与建议（若是设备存在家族性缺陷，需排查同类型设备的缺陷，加强设备质量入网检测，防止类似事故再次发生）。

（4）在下一次停电检修期间，对此故障区段绝缘子串进行检查和检测，对不合格的绝缘子串及时进行更换，记录避雷器动作计数。

（5）原则上，对于影响线路安全运行的故障点，应采取带电作业的方式进行消缺；对于因故不能进行带电作业且近期系统安排停运困难的线路，应采取相应的临时措施确保安全；对于线路安全运行影响不大（系指一般缺陷）的故障点，按相应的缺陷处理流程在一个检修周期内进行处理。

2 特高压架空输电线路雷击故障

特高压架空输电线路长度长，杆塔数量多，途经大量雷电活动频繁、地理环境复杂区域，线路各区段通道环境差异性极大，使得特高压架空输电线路存在大量雷害高风险杆塔，雷击故障呈现不同的特征。

2.1 1000kV 交流输电线路

2.1.1 雷电绕击导致单相接地故障

1. 故障简况

2017 年 4 月 7 日 7 时 48 分，某 1000kV 交流输电线路 A 相（右边相）跳闸，测距距离大号侧变电站 71.77km，距离小号侧变电站 195.5km，跳闸位置在 132 号杆塔和 193 号杆塔之间，重合成功。

2. 原因分析

（1）雷电监测结果。经查询雷电监测系统，故障时段前后 1min、线路半径 5km 范围内共有 2 个落雷，在 177～179 号杆塔段。故障雷电监测系统查询结果如图 2-1 所示。

（2）分布式行波监测结果。经分布式行波监测系统诊断，2017 年 4 月 7 日 7 时 48 分 30 秒 483 毫秒，该 1000kV 交流输电线路发生雷击跳闸，故障相为 A 相（右边相），位置在 132 号和 193 号杆塔之间，距离 132 号杆塔大号方向 18.04km，故障点在 172 号杆塔附近，时间、位置与图 2-1 中序号 2 的雷电吻合。132 号杆塔 A 相故障电流行波如图 2-2 所示，根据 A 相（右边相）故障行波分析，故障主波前无明显反击性脉冲，符合雷电绕击波形特征。

（3）现场巡视。经现场核查，发现该 1000kV 交流输电线路 173 号杆塔 A 相（右边相）跳线均压环有明显放电痕迹，如图 2-3 所示，确认 173 号杆塔为故障杆塔。该区段为高山，线路杆塔较高，容易遭受雷击。

（4）仿真计算。在 ATP/EMTP 仿真程序中，根据故障塔型结构、绝缘子型

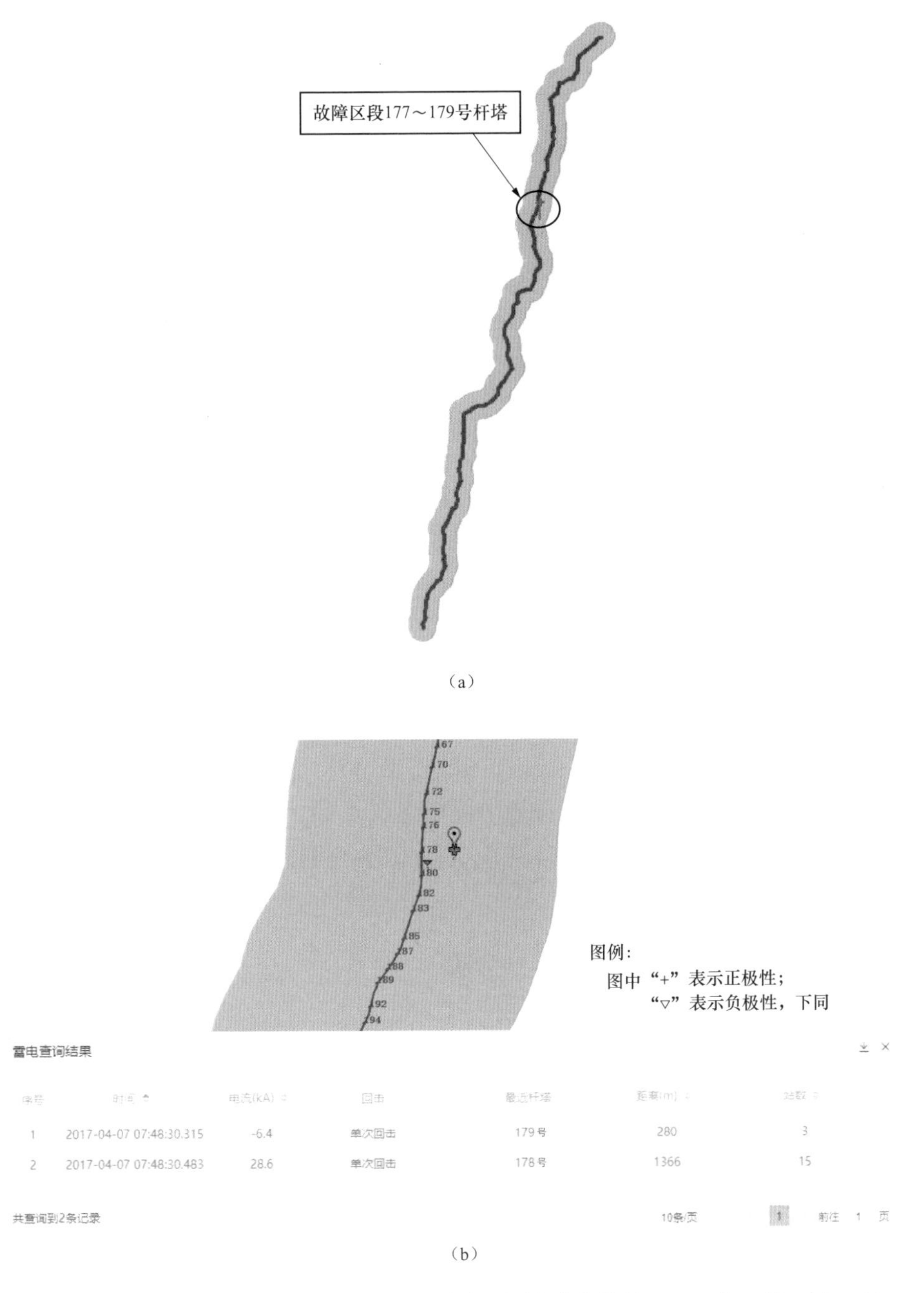

序号	时间	电流(kA)	回击	最近杆塔	距离(m)	站数
1	2017-04-07 07:48:30.315	-6.4	单次回击	179号	280	3
2	2017-04-07 07:48:30.483	28.6	单次回击	178号	1366	15

图 2-1　某 1000kV 交流输电线路故障时段雷电监测系统查询结果（2017 年 4 月 7 日 7 时）

（a）故障时段全线雷电分布；（b）故障时段故障点附近雷电

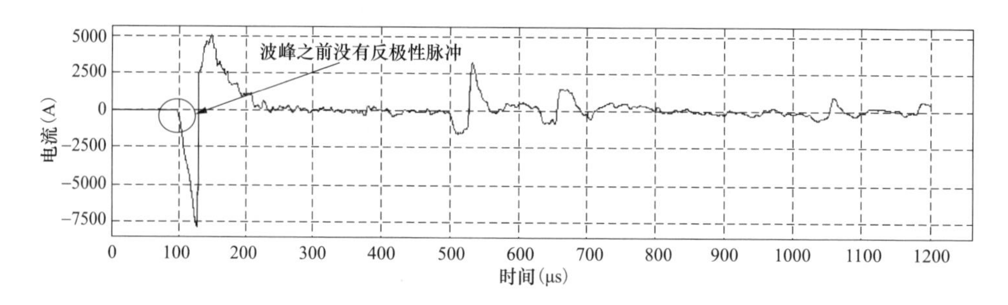

图 2-2　132 号杆塔 A 相故障电流行波

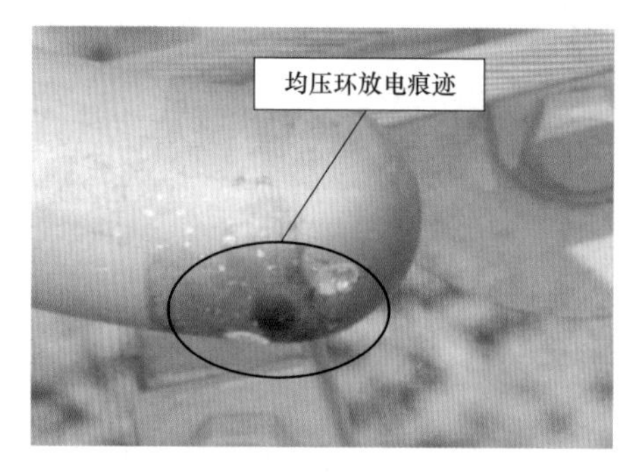

图 2-3　A 相跳线均压环有明显放电痕迹

号建立雷击模型，算得 173 号杆塔 A 相（右边相）绕击耐雷水平为 18.3kA，反击耐雷水平为 347.0kA。通过 EGM 算得最大绕击电流为 44.0kA。序号 2 的雷电流幅值满足 173 号杆塔 A 相（右边相）绕击闪络条件。

3. 分析结论

综上所述，此次故障为雷电绕击所致，跳闸过程为：序号 2 的雷电绕击 A 相（右边相）导线，超过其绕击耐雷水平，在 173 号杆塔 A 相（右边相）跳线与横担挂点间形成放电通道，放电电弧灼烧到 A 相（右边相）复合绝缘子，导致 A 相（右边相）单相接地短路故障，保护动作使断路器 A 相（右边相）跳闸，后续重合闸动作并成功。

2.1.2　分叉雷导致单相接地故障

1. 故障简况

2019 年 4 月 9 日 17 时 50 分，某 1000kV 交流输电线路 B 相（右边相）故障跳闸，位置在 301 号杆塔和 346 号杆塔之间，距离 301 号杆塔大号方向 17.20km，重合成功。

2. 原因分析

（1）雷电监测结果。经查询雷电监测系统，故障时段前后 1min、线路半径 5km 范围内共有 9 个落雷，主要集中在 334～340 号杆塔段。雷电监测系统查询结果如图 2-4 所示。

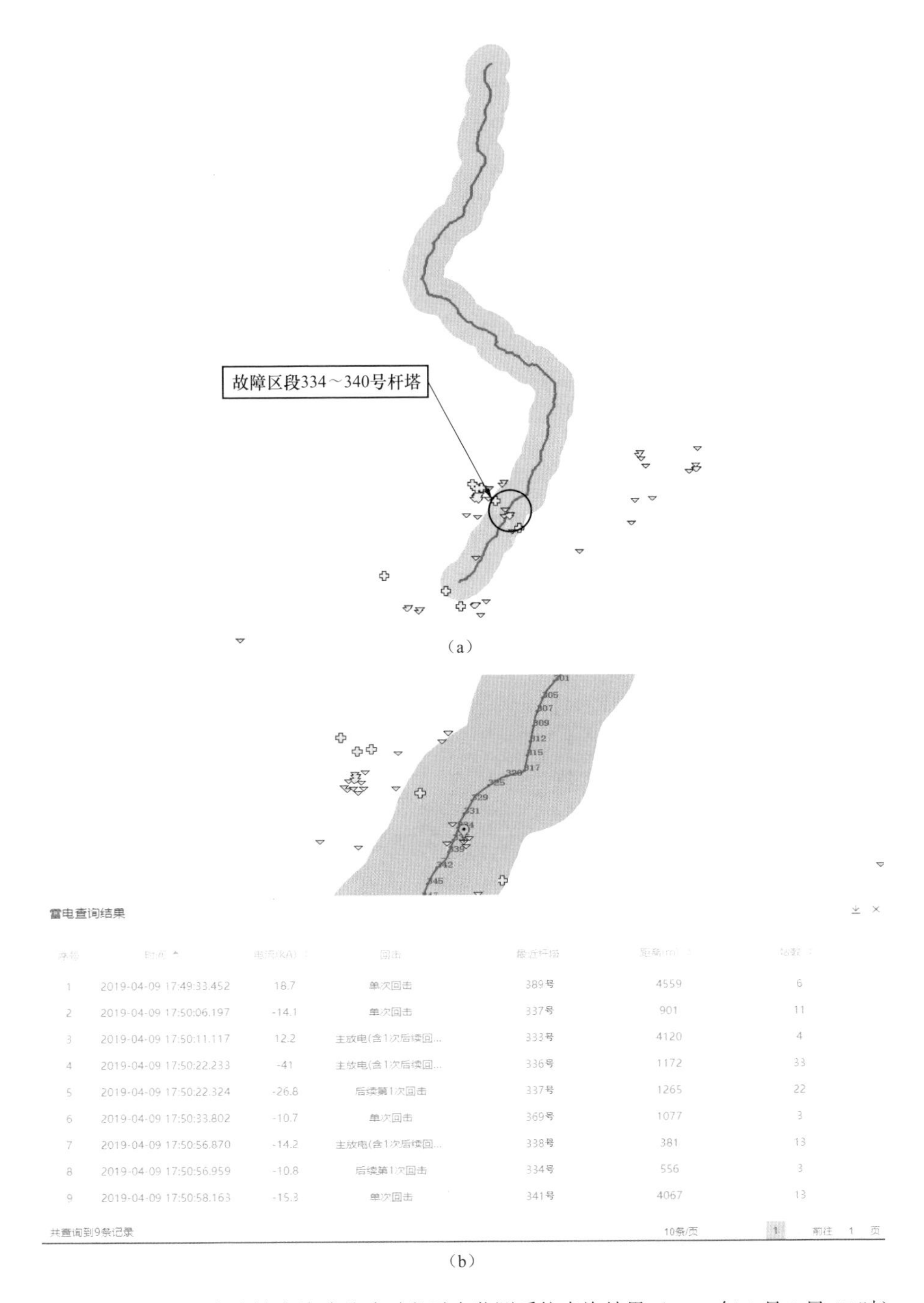

序号	时间	电流(kA)	回击	最近杆塔	距离(m)	站数
1	2019-04-09 17:49:33.452	18.7	单次回击	389号	4559	6
2	2019-04-09 17:50:06.197	-14.1	单次回击	337号	901	11
3	2019-04-09 17:50:11.117	12.2	主放电(含1次后续回...	333号	4120	4
4	2019-04-09 17:50:22.233	-41	主放电(含1次后续回...	336号	1172	33
5	2019-04-09 17:50:22.324	-26.8	后续第1次回击	337号	1265	22
6	2019-04-09 17:50:33.802	-10.7	单次回击	369号	1077	3
7	2019-04-09 17:50:56.870	-14.2	主放电(含1次后续回...	338号	381	13
8	2019-04-09 17:50:56.959	-10.8	后续第1次回击	334号	556	3
9	2019-04-09 17:50:58.163	-15.3	单次回击	341号	4067	13

共查询到9条记录　10条/页　1　前往 1 页

图 2-4　某 1000kV 交流输电线路故障时段雷电监测系统查询结果（2019 年 4 月 9 日 17 时）

（a）故障时段全线雷电分布；（b）故障时段故障点附近雷电

（2）分布式行波监测结果。经分布式行波监测系统诊断，2019 年 4 月 9 日 17 时 50 分 06 秒 197 毫秒，该 1000kV 交流输电线路发生雷击跳闸，故障相为 B 相（右边相），位置在 301 号和 346 号杆塔之间，距离 301 号杆塔大号方向侧 17.20km，故障杆塔为 340 号杆塔前后一两基杆塔范围内，时间、位置与序号 2 的雷电吻合。B 相（右边相）故障电流行波如图 2-5 所示，根据 B 相（右边相）故障行波分析，故障主波前无明显反击性脉冲，符合雷电绕击波形特征。

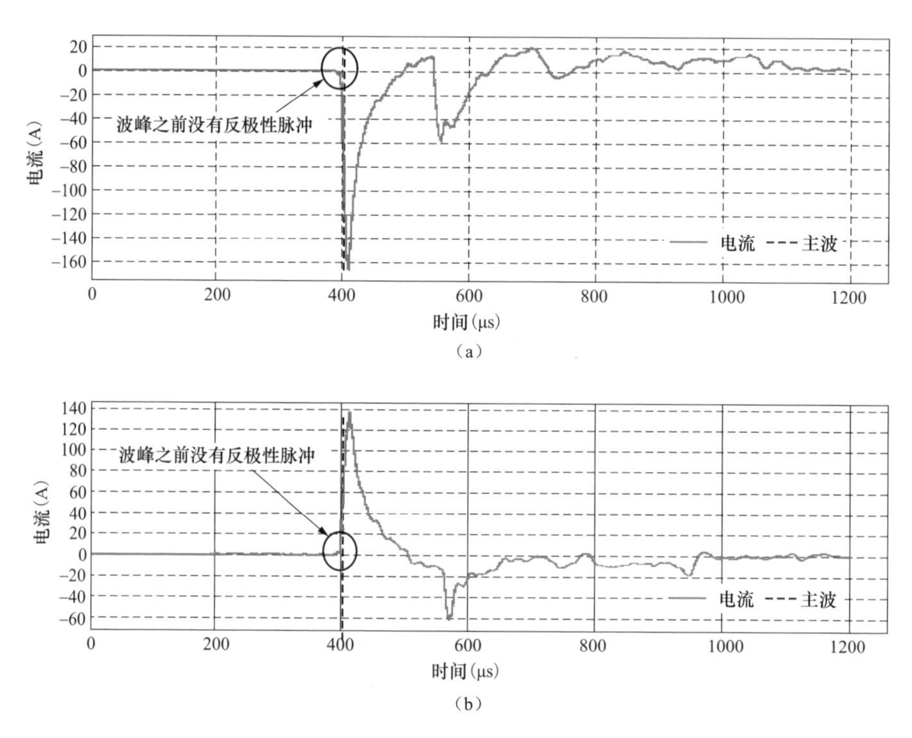

图 2-5　B 相（右边相）故障电流行波

（a）346 号杆塔故障电流行波；（b）301 号杆塔故障电流行波

（3）现场巡视。经现场核查，发现该 1000kV 交流输电线路 341 号杆塔 B 相（右边相）绝缘子串球头及高压端均压环有明显放电痕迹，如图 2-6～图 2-8 所示，确认 341 号杆塔为故障杆塔。该区段为高山，线路杆塔较高，容易遭受雷击。

（4）仿真计算。在 ATP/EMTP 仿真程序中，根据故障塔型结构、绝缘子型号建立雷击模型，得到 341 号杆塔 B 相（右边相）绕击耐雷水平为 24.5kA，反击耐雷水平为 297.0kA。通过 EGM 算得最大绕击电流为 80.67kA。

图 2-6　341 号杆塔 B 相绝缘子串球头放电痕迹照片

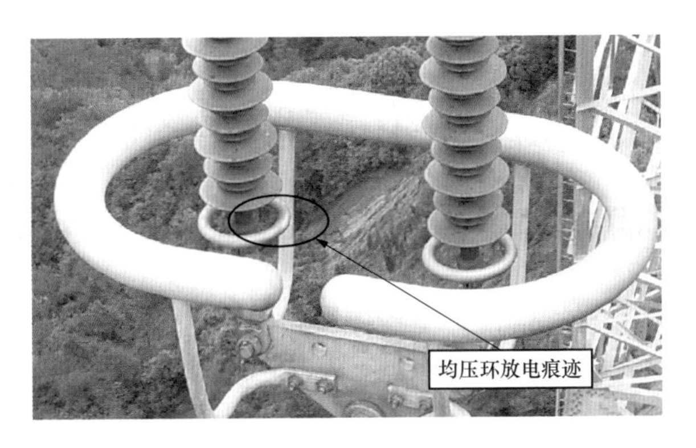

图 2-7　341 号杆塔 B 相小号侧复合绝缘子串高压端小均压环放电痕迹照片

图 2-8　341 号杆塔 B 相小号侧复合绝缘子串高压端均压环放电痕迹照片

由以上分析可得，图 2-4 中序号 2 的雷电流发生时间、地点等信息和故障发生时间及故障杆塔位置完全吻合，但雷电流幅值仅为－14.1kA，未达到故障相绕击耐雷水平。

针对以上情况，线路运维人员调取了雷击故障发生时段故障杆塔周边的监测视频，如图 2-9 所示。视频球机安装于该 1000kV 交流输电线路 339 号杆塔，观测方向为大号侧，即故障杆塔方向。可以看出，故障时刻出现一次雷电，其放电路径形状为倒“V”字形，判定为分叉雷。将此雷的放电路径形状叠加至图 2-9（a）中，可以看出，雷电放电路径的一个末端位于靠近 341 号杆塔导线上，另一个末端位于山体，即该雷电连通了故障杆塔导线和山体，形成放电通道。

图 2-9　339 号杆塔大号侧方向视频监测截图

（a）天气晴好；（b）出现降雨；（c）雷击发生瞬间；（d）雷击路径叠加至晴好天气

3. 分析结论

综上所述，此次故障为雷电绕击所致，跳闸过程为：序号 2 的雷电为分叉雷，其末端分别击中 341 号杆塔 B 相（右边相）导线和山体，造成 B 相（右边相）导线与山体之间形成放电通道，保护动作使断路器 B 相跳闸，后续重合闸动作并成功。

2.2 ±1100kV 直流输电线路

1. 故障简况

2021 年 9 月 4 日 18 时 35 分，某±1100kV 直流输电线路极Ⅱ（右线）导线发生雷击故障重启，位置在 5333 号杆塔和 5335 号杆塔之间，全压再启动成功。

2. 原因分析

（1）雷电监测结果。经查询雷电监测系统，故障时段前后 1min、线路半径 10km 范围内共有 5 个落雷，主要集中在 5333～5341 号杆塔段。雷电监测系统查询结果如图 2-10 所示。根据雷电监测系统查询，故障时间点在 18 时 35 分前后 5s 内，有 3 次落雷记录（雷电流幅值分别为－41.9、－25.8、－20.9kA），其中序号 1 的雷电记录与故障点杆塔及时间测距信息完全吻合。

（2）分布式行波监测结果。经分布式行波监测系统诊断，2021 年 9 月 4 日 18 时 35 分 13 秒，该±1100kV 直流输电线路发生雷击重启，故障相为极Ⅱ（右线），故障位于 5334 号杆塔附近。分布式故障诊断装置监测到的故障波形如图 2-11 所示，根据系统记录的故障时刻电流行波波形，故障时刻电流行波主波头电流上升比较陡，波尾持续时间小于 20μs，符合雷击跳闸故障特征，故系统判定此次故障为雷击故障。

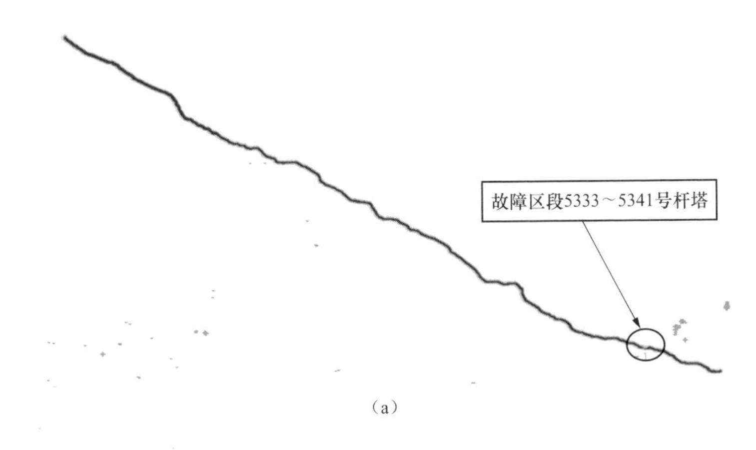

（a）

图 2-10 某±1100kV 直流输电线路故障时段雷电监测系统查询结果（2021 年 9 月 4 日 18 时）（一）

（a）故障时段全线雷电分布

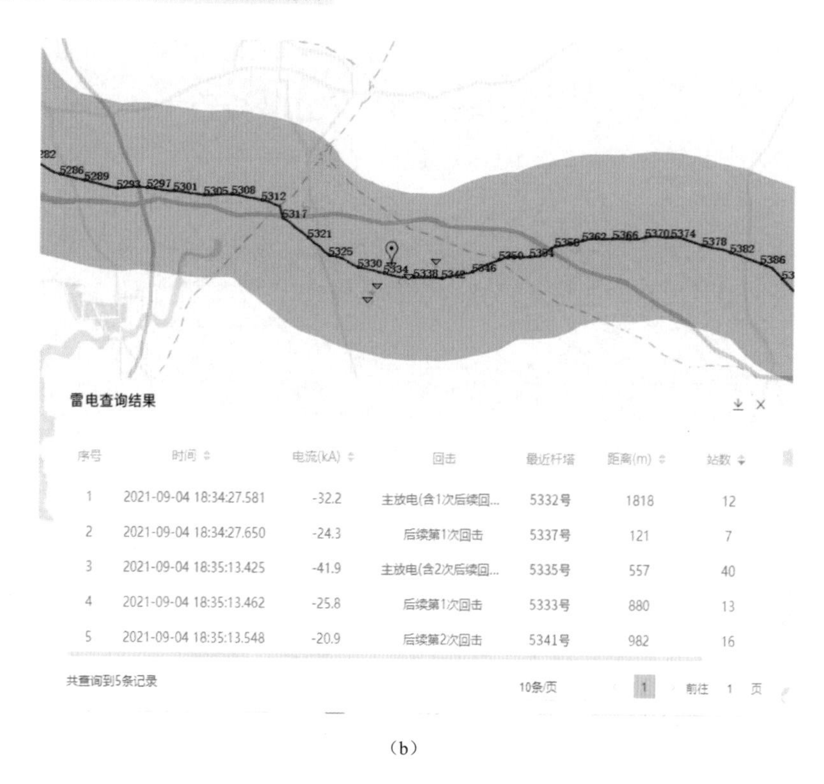

雷电查询结果

序号	时间	电流(kA)	回击	最近杆塔	距离(m)	站数
1	2021-09-04 18:34:27.581	-32.2	主放电(含1次后续回...	5332号	1818	12
2	2021-09-04 18:34:27.650	-24.3	后续第1次回击	5337号	121	7
3	2021-09-04 18:35:13.425	-41.9	主放电(含2次后续回...	5335号	557	40
4	2021-09-04 18:35:13.462	-25.8	后续第1次回击	5333号	880	13
5	2021-09-04 18:35:13.548	-20.9	后续第2次回击	5341号	982	16

共查询到5条记录　10条/页　1　前往 1 页

（b）

图 2-10　某±1100kV 直流输电线路故障时段雷电监测系统查询结果（2021 年 9 月 4 日 18 时）（二）

（b）故障时段故障点附近雷电

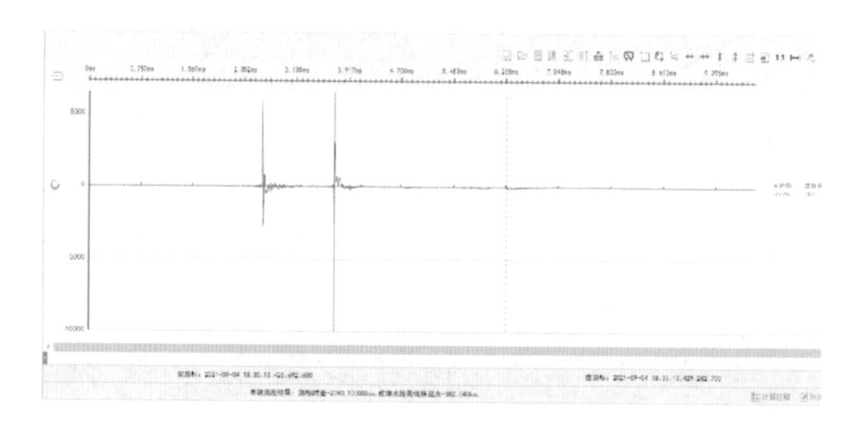

图 2-11　某±1100kV 直流输电线路分布式故障诊断装置监测到的故障波形

（3）现场巡视。经现场核查，发现该±1100kV 直流输电线路 5337 号杆塔极Ⅱ（右线）导线外侧V形绝缘子串下端伞裙及小均压环上发现闪络痕迹，与之对应的横担下平面也有相应的闪络痕迹，如图2-12和图2-13所示，确认5337号杆塔为故障杆塔。

图2-12　5337号杆塔高压端闪络点

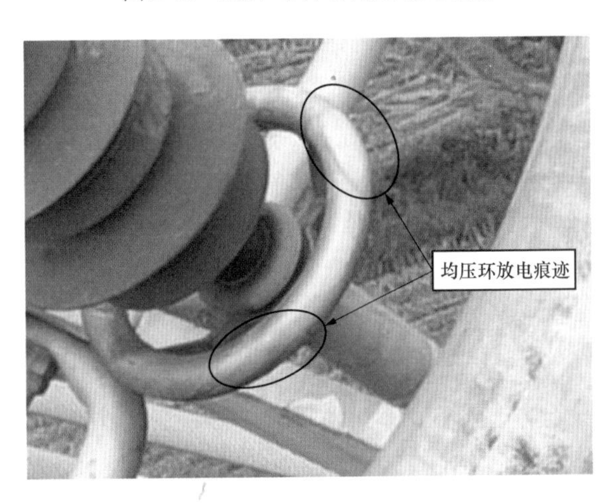

图2-13　5337号杆塔高压端局部闪络点

故障区段地形为平原，故障杆塔5337号杆塔型为Z27102A1，呼称高84m，全高95.5m，容易遭受雷击，5337号杆塔全景图如图2-14所示。

（4）仿真计算。在ATP/EMTP仿真程序中，根据故障塔型结构、绝缘子型号建立仿真模型，雷电流注入极Ⅱ导线，逐步调整雷电流幅值，观察极Ⅱ绝缘闪络情况，最终得出在负极性雷电情况下，5227号故障杆塔极Ⅱ相绕击耐雷水平为40.4kA，反击耐雷水平为461.0kA。通过EGM算得最大绕击电流为47.01kA。序号3的雷电流幅值－41.9kA满足5337号杆塔极Ⅱ（右线）绕击闪络条件。

图 2-14 5337 号杆塔全景图

3. 分析结论

综上所述，此次故障为雷电绕击所致，跳闸过程为：序号 3 的雷电绕击极Ⅱ（左线）导线，超过其绕击耐雷水平，在 5337 号杆塔极Ⅱ（右线）导线侧均压环与横担挂点间形成放电通道，导致极Ⅱ单极接地故障，随后全压再次启动成功。

2.3 ±800kV 直流输电线路

2.3.1 雷电绕击导致单极接地故障

1. 故障简况

2021 年 9 月 9 日 7 时 30 分，某±800kV 直流输电线路极Ⅱ（右线）雷击故障重启，位置在 887 号杆塔和 912 号杆塔之间，距离 887 号杆塔大号方向 7.19km。在线路发生故障后，经两次重启后发生闭锁，极Ⅱ直流电流降为 0，重启不成功。

2. 原因分析

（1）雷电监测结果。经查询雷电监测系统，故障时段前后 1min、线路半径 5km 范围内共有 11 个落雷，主要集中在 898～902 号杆塔段。雷电监测系统查询结果如图 2-15 所示。

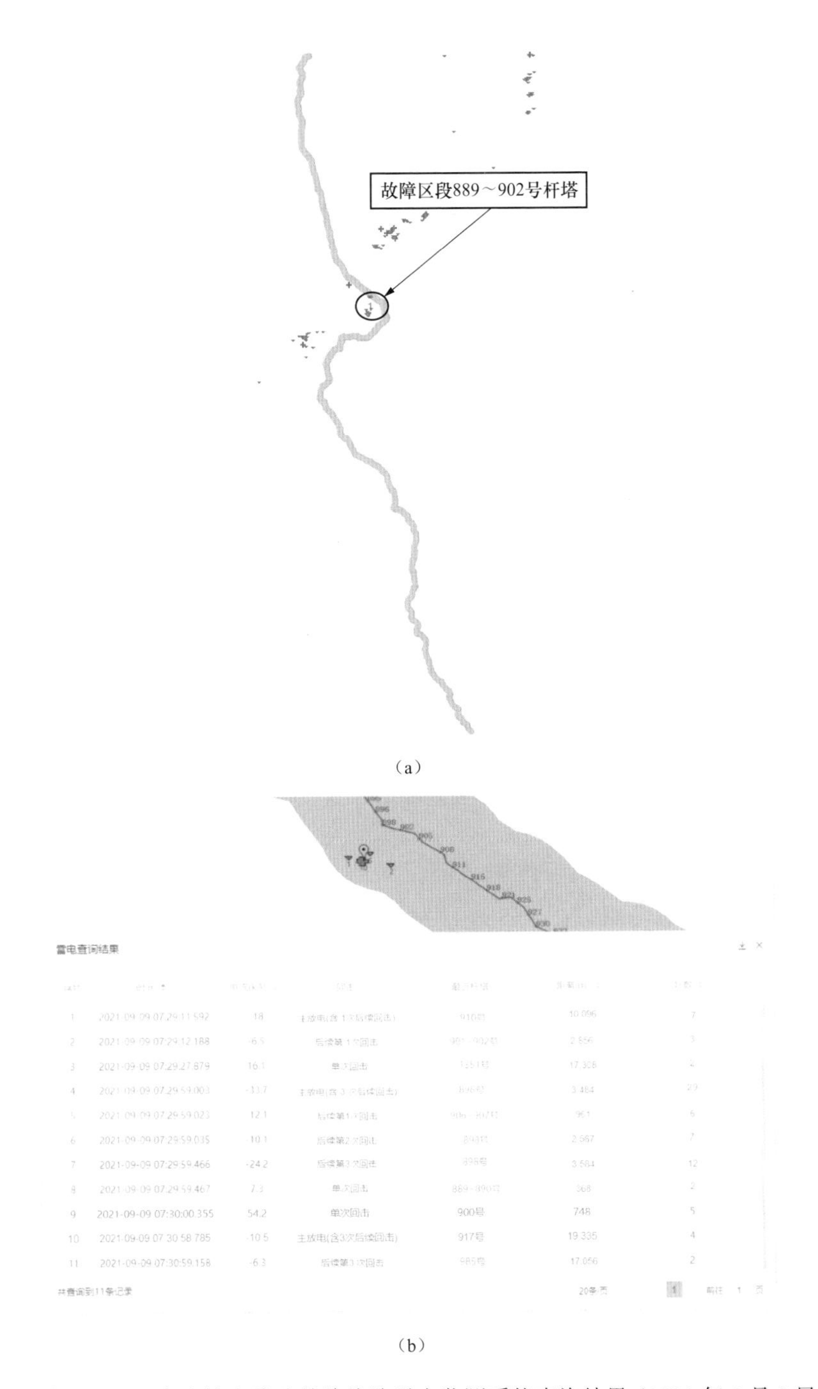

（a）

（b）

图 2-15　某±800kV 直流输电线路故障线路雷电监测系统查询结果（2021 年 9 月 9 日 7 时）

（a）故障时段全线雷电分布；（b）故障时段故障点附近雷电

（2）分布式行波监测线结果。经分布式行波监测系统诊断，2021 年 9 月 9 日 7 时 30 分 0 秒 355 毫秒，该±800kV 直流输电线路发生雷击故障，故障相为极Ⅱ（右线），故障点距 887 号杆塔大号方向侧 7.19km 处，故障杆塔为 900 号杆塔。887 号杆塔故障分闸高频电流波形如图 2-16 所示，根据系统记录的故障时刻电流行波波形，故障时刻电流行波主波头电流上升比较陡，波尾持续时间小于 20μs，符合雷击跳闸故障特征，故系统判定此次故障为雷击故障。

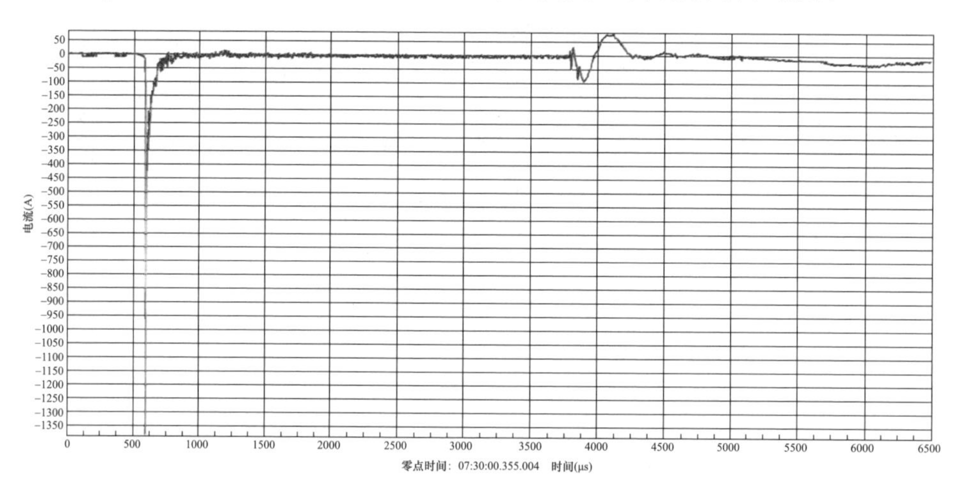

图 2-16 887 号杆塔故障分闸高频电流波形

分布式行波监波系统与故障录波记录的故障电流波形如图 2-17 及图 2-18 所示。两者波形均表明，在 355 毫秒发生故障后，于 532 毫秒和 832 毫秒分别进行一次重启，两次重启后发生闭锁，极Ⅱ直流电流降为 0，可判断此次故障两次重启不成功，与故障信息相符。

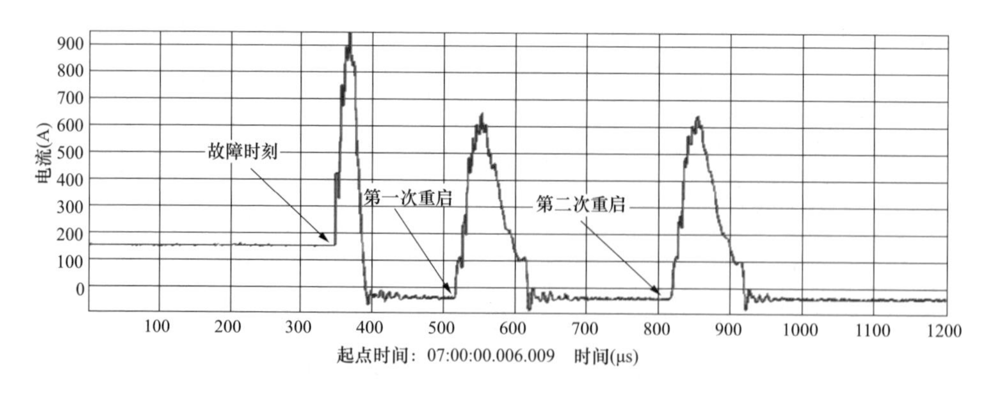

图 2-17 故障线路 887 号杆塔极Ⅱ终端直流电流波形

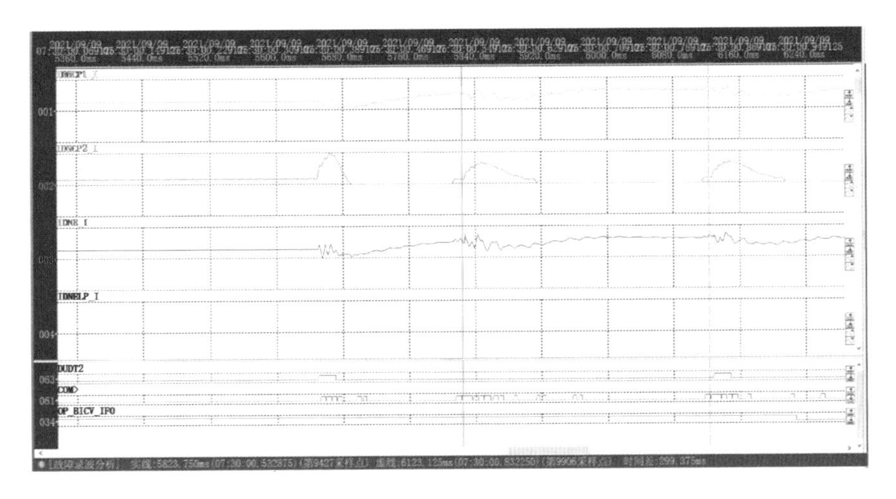

图 2-18　换流站内记录的某±800kV 直流输电线路故障录波波形（2021 年 9 月 9 日 7 时）

（3）现场巡视。经现场核查，发现该±800kV 直流输电线路 900 号杆塔极Ⅱ（右线）左侧 V 形串线端均压环、右极导线水平对应塔身处有放电痕迹，如图 2-19 和图 2-20 所示，确认 900 号杆塔为故障杆塔。

图 2-19　900 号杆塔均压环放电痕迹

该区段为高山，线路杆塔较高，地形条件复杂，线路容易遭受雷击，故障线路 900 号杆塔塔头和杆塔全景图如图 2-21 和图 2-22 所示。此次遭受雷击的导线处于山坡外侧，由于缺少地面屏蔽作用，更加容易遭受雷击，900 号杆塔小号侧通道和大号侧通道如图 2-23 和图 2-24 所示。

图 2-20　900 号杆塔塔身放电痕迹

图 2-21　900 号杆塔塔头

图 2-22　900 号杆塔全景图

图 2-23　900 号杆塔小号侧通道

图 2-24　900 号杆塔大号侧通道

（4）仿真计算。在 ATP/EMTP 仿真程序中，根据故障塔型结构、绝缘子型号建立雷击模型，算得 900 号杆塔极Ⅱ（右线）绕击耐雷水平为 33.1kA，反击耐雷水平为 301.0kA。通过 EGM 算得最大绕击电流为 74.0kA。序号 9 的雷电流幅值满足 900 号杆塔极Ⅱ（右线）绕击闪络条件。

3. 分析结论

综上所述，此次故障为雷电绕击所致，序号 9 的雷电极性为正极性，雷电流幅值为 54.2kA，极Ⅱ负极性导线对正极性雷电的引雷能力大于极Ⅰ，其绕击耐雷水平为 30.0kA，正极性雷电后续的连续电流时间较负极性长（一般为数百毫秒），大于两次重启过程中的去游离时间，导致重启过程中连续电流的影响持续存在，去游离时间不充分，因此两次全压重启时在原放电位置再次发生闪络，导致重启失败，线路闭锁。

2.3.2 多重雷击导致单极闭锁

1. 故障简况

2016 年 6 月 1 日 5 时 41 分，某±800kV 直流输电线路极 I （左线）雷击故障重启，故障位置在 3626 号杆塔和 3629 号杆塔之间，两次全压再启动不成功后极 I 闭锁。

2. 原因分析

（1）雷电监测结果。经查询雷电监测系统，故障时段前后 1min、线路半径 5km 范围内共有 9 个落雷，主要集中在 3624～3632 号杆塔段。雷电监测系统查询结果如图 2-25 所示。

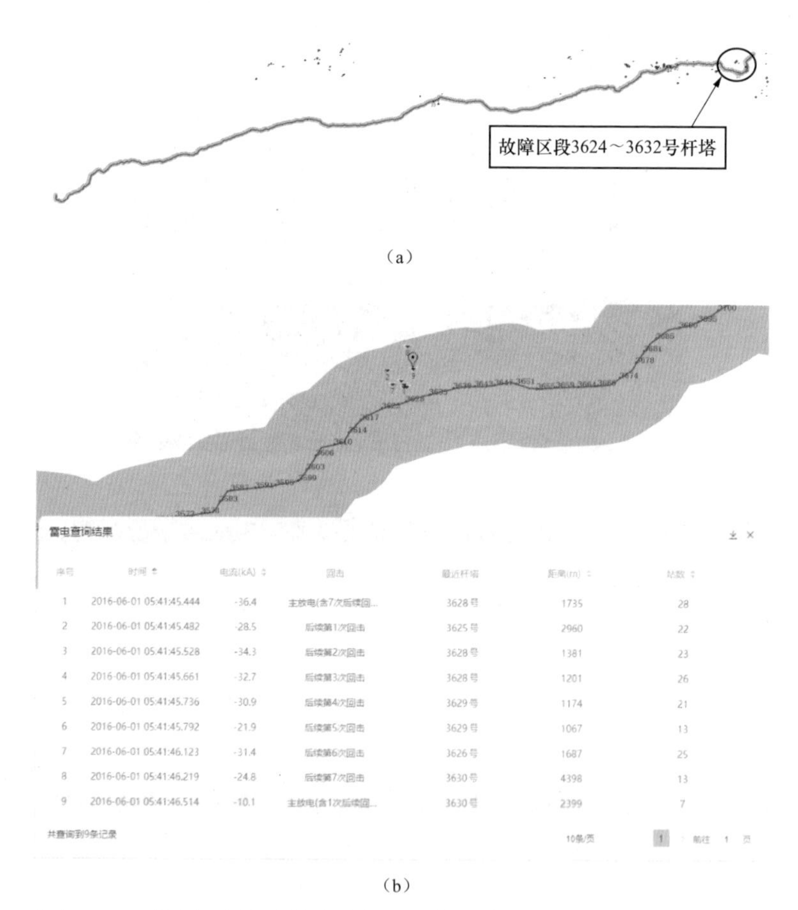

序号	时间	电流(kA)	回击	最近杆塔	距离(m)	站数
1	2016-06-01 05:41:45.444	-36.4	主放电(含7次后续回...	3628 号	1735	28
2	2016-06-01 05:41:45.482	-28.5	后续第1次回击	3625 号	2960	22
3	2016-06-01 05:41:45.528	-34.3	后续第2次回击	3628 号	1381	23
4	2016-06-01 05:41:45.661	-32.7	后续第3次回击	3628 号	1201	26
5	2016-06-01 05:41:45.736	-30.9	后续第4次回击	3629 号	1174	21
6	2016-06-01 05:41:45.792	-21.9	后续第5次回击	3629 号	1067	13
7	2016-06-01 05:41:46.123	-31.4	后续第6次回击	3626 号	1687	25
8	2016-06-01 05:41:46.219	-24.8	后续第7次回击	3630 号	4398	13
9	2016-06-01 05:41:46.514	-10.1	主放电(含1次后续回...	3630 号	2399	7

共查询到9条记录　　10条/页　1　前往 1 页

（a）

（b）

图 2-25　某±800kV 直流输电线路故障时段雷电监测系统查询结果（2016 年 6 月 1 日 5 时）

（a）故障时段全线雷电分布；（b）故障时段故障点附近雷电

雷电监测系统显示，在5时41分45秒至5时41分47秒的2s时间段内，该线路走廊发生9次雷击，序号2～7次放电属于序号1主放电的后续回击，序号9次放电属于序号8主放电的后续回击，该线路雷电监测系统查询详情如表2-1所示。

表2-1 某±800kV直流输电线路雷电监测系统查询详情（2016年6月1日5时）

序号	时间	电流（kA）	回击	参与定位站数	最近杆塔
1	05:41:45.444	−36.4	主放电（含7次后续回击）	28	3630～3631号
2	05:41:45.482	−28.5	后续第1次回击	22	3626～3627号
3	05:41:45.528	−34.3	后续第2次回击	23	3630～3631号
4	05:41:45.661	−32.7	后续第3次回击	26	3630～3631号
5	05:41:45.736	−30.9	后续第4次回击	21	3630～3631号
6	05:41:45.792	−21.9	后续第5次回击	13	3630～3631号
7	05:41:46.123	−31.4	后续第6次回击	25	3628～3629号
8	05:41:46.219	−24.8	后续第7次回击	13	3632号
9	05:41:46.514	−10.1	主放电（含1次后续回击）	7	3632～3633号

（2）故障录波监测结果。经站内故障录波分析，5时41分45秒452毫秒，极Ⅰ出现故障，并转入逆变状态；5时41分45秒615毫秒，极Ⅰ第一次全压再启动，最终失败；5时41分45秒923毫秒，极Ⅰ第二次全压再启动，最终失败；至此，极Ⅰ闭锁，如图2-26所示。

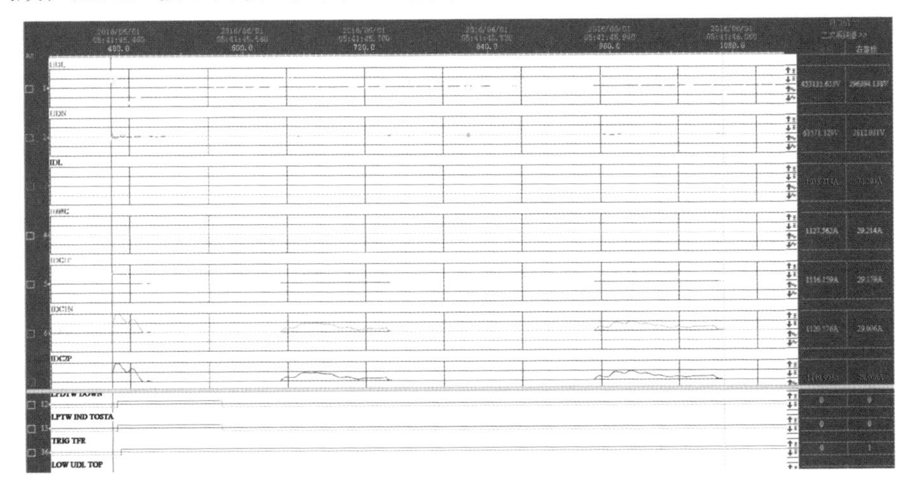

图2-26 某±800kV直流输电线路故障录波波形（2016年6月1日5时）

（3）分布式行波监测结果。经分布式行波监测系统诊断，5时41分45秒445毫秒该±800kV直流输电线路发生雷击跳闸，故障相为极Ⅰ（左线），故障点位于3267号杆塔附近。从5时41分45秒至5时41分46秒的2s时间内，一共监测到9次行波，如图2-27所示。

结合雷电监测、故障录波和分布式行波监测结果，对比其时序发现雷电和行波、故障录波信息时间位置非常吻合，且查询的雷电流幅值满足故障区段绕击发生条件，可以推断如下时序：

1）5时41分45秒444毫秒，序号1雷电击中极Ⅰ导线，造成极Ⅰ故障；

2）5时41分45秒615毫秒，极Ⅰ第一次全压再启动，其间序号4雷电继续击中极Ⅰ导线，造成第一次再启动失败；

3）第一次再启动结束后去游离过程中，序号5、序号6雷电继续击中极Ⅰ导线；

4）5时41分45秒923毫秒，极Ⅰ第二次全压再启动，由于弧道去游离不充分，造成再启动失败，系统闭锁。

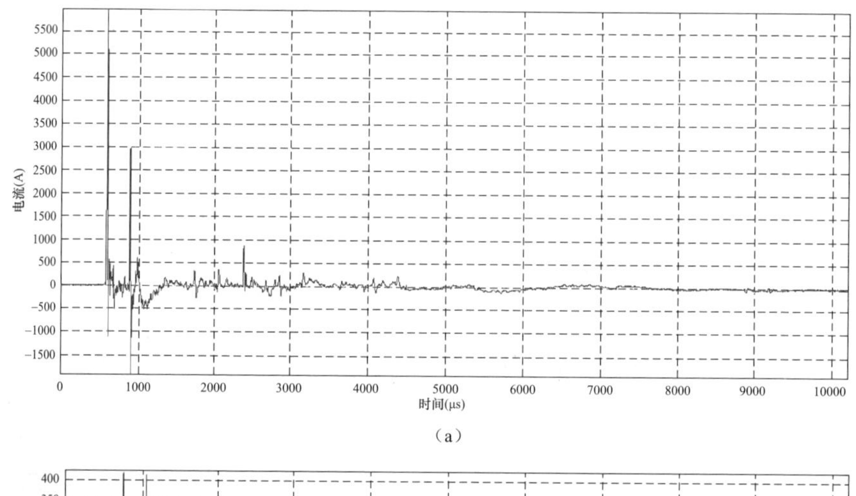

（a）

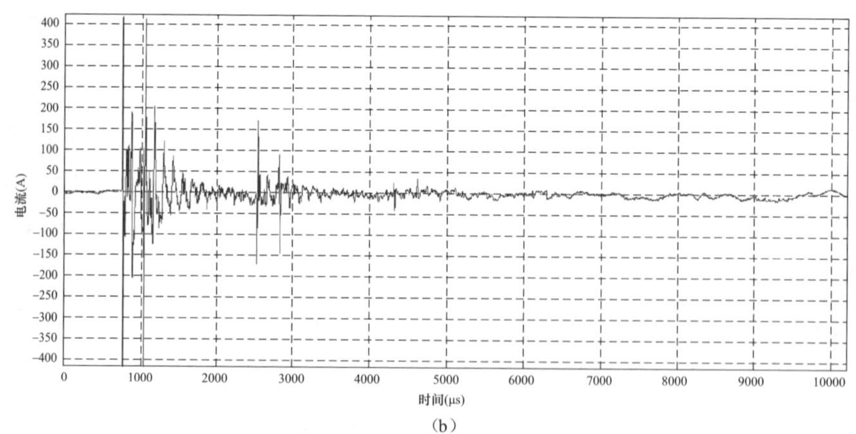

（b）

图2-27　05:41:45至05:41:47监测到的9次行波波形（一）

（a）第1次行波（05:41:45.445）；（b）第2次行波（05:41:45.483）

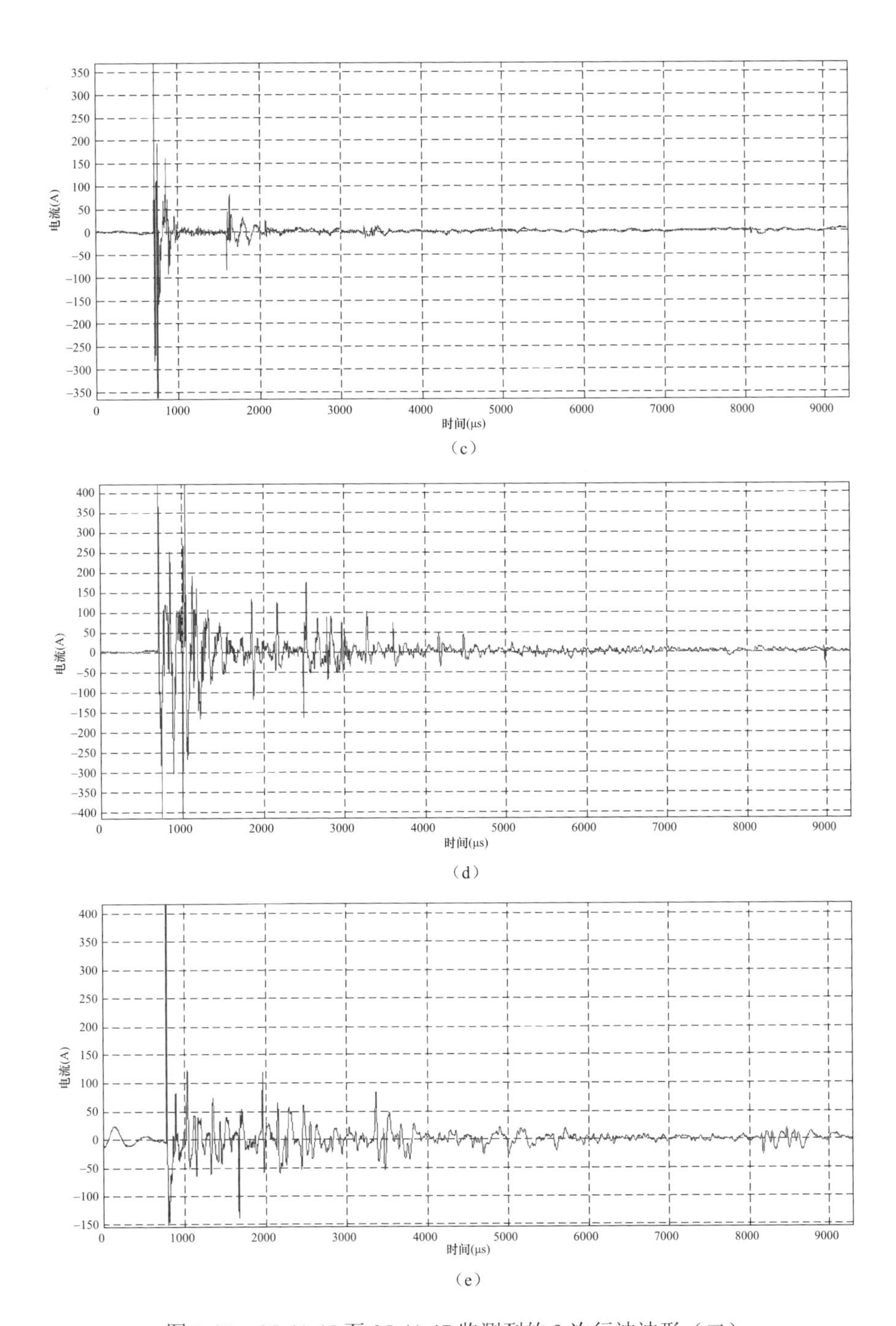

图 2-27　05:41:45 至 05:41:47 监测到的 9 次行波波形（二）

（c）第 3 次行波（05:41:45.662）；（d）第 4 次行波（05:41:45.737）；（e）第 5 次行波（05:41:45.793）

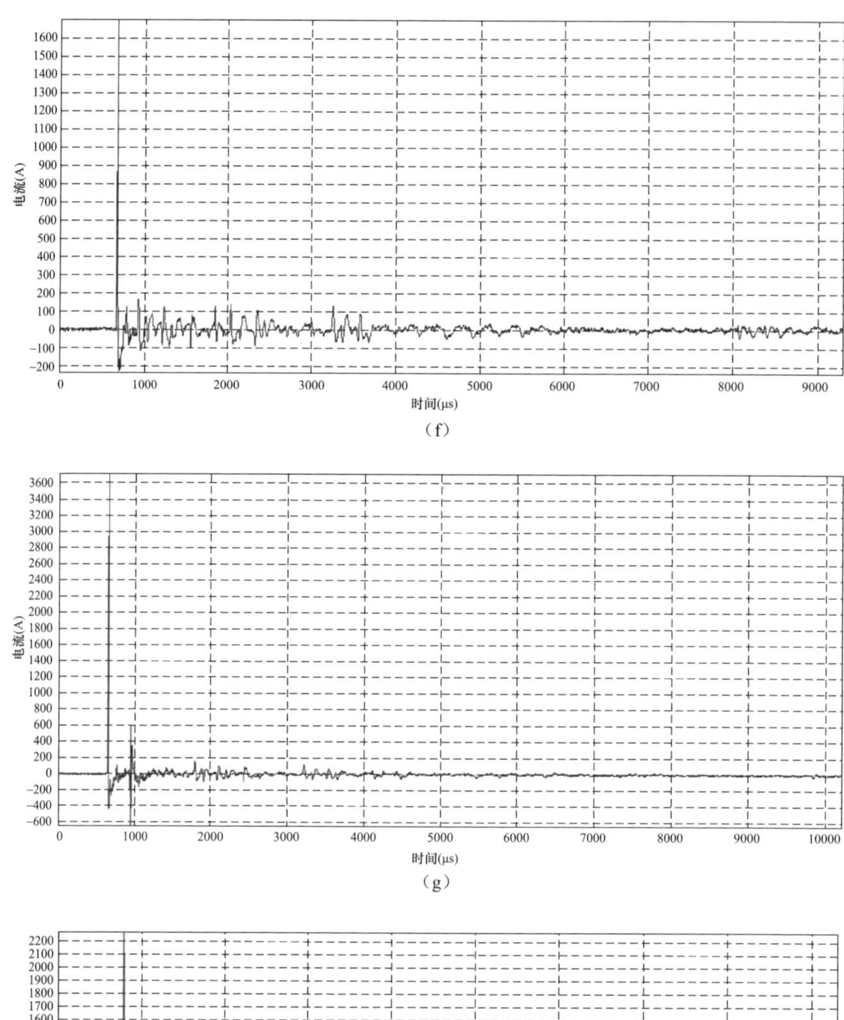

电流(A)

时间(μs)

(h)

图 2-27　05:41:45 至 05:41:47 监测到的 9 次行波波形（三）

（f）第 6 次行波（05:41:46.123）；（g）第 7 次行波（05:41:46.219）；（h）第 8 次行波（05:41:46.414）

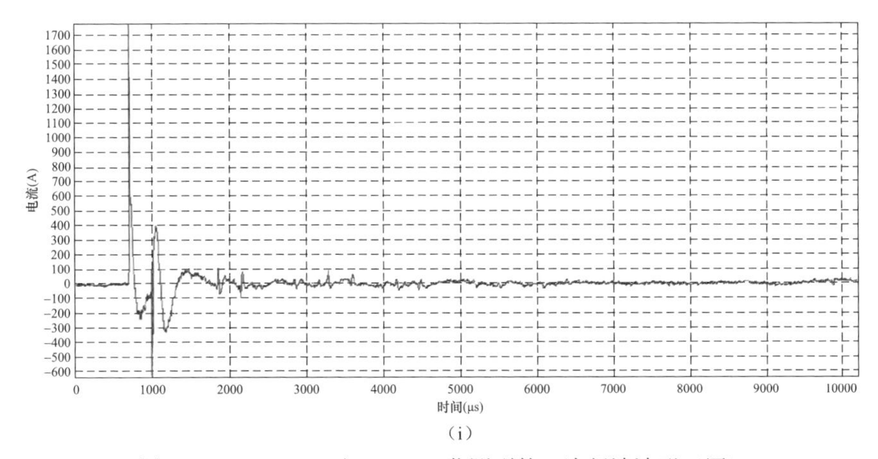

(i)

图 2-27 05:41:45 至 05:41:47 监测到的 9 次行波波形（四）

（i）第 9 次行波（05:41:46.515）

（4）现场巡视。经现场核查，该±800kV 直流输电线路 3627 号杆塔为 V 形绝缘子串挂接导线，3627 号杆塔极Ⅰ放电通道如图 2-28 所示，极Ⅰ（左线）V 形绝缘子串双联伞裙均有放电痕迹，如图 2-29 和图 2-30 所示，确认 3627 号杆塔为故障杆塔。

图 2-28 3627 号杆塔极Ⅰ放电通道

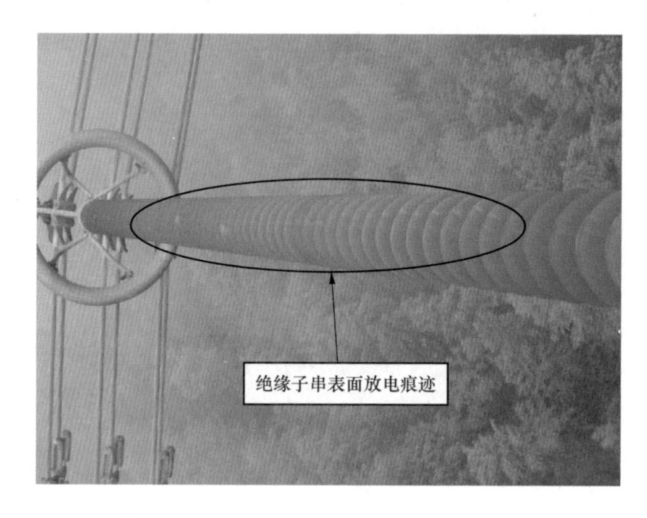

图 2-29　3627 号杆塔极 I（左线）V 形绝缘子串放电痕迹（内侧放电通道 1）

图 2-30　3627 号杆塔极 I（左线）V 形绝缘子串放电痕迹（外侧放电通道 2）

3627 号杆塔大号侧通道环境如图 2-31 所示，该处地面倾角约 45°，右侧临近有其他线路。此次遭受雷击导线为极 I 左侧导线，处于山坡外侧，由于减弱地面屏蔽作用，更加容易遭受雷击。

（5）仿真计算。在 ATP/EMTP 仿真程序中，根据故障塔型结构、绝缘子型号建立雷击模型，对耐雷水平进行仿真。得到故障杆塔极 I（左线）绕击耐雷水平为 27.2kA，反击耐雷水平为 295.0kA。表 2-1 中所列雷电，除了序号 6、8、9 的雷电未达到耐雷水平外，其他雷电均达到故障杆塔绕击耐雷水平。

图 2-31 3627 号杆塔大号侧通道环境

通过分析杆塔所在处地面倾角，相导线与地面、架空地线的位置关系等，利用 EGM，最终计算得到故障相的最大绕击电流 I_{sk} 为 63.0kA。表 2-1 所示的雷电中，除了序号 6、8、9 的雷电，其他雷电均大于绕击耐雷水平，小于最大绕击电流，根据表 2-1，可以得到此次雷击故障类型为雷电绕击。

3. 分析结论

综上所述，此次故障过程中，5 时 41 分 45 秒 444 毫秒的主放电之后伴随 7 次后续回击，主放电导致极 I 故障后，第一次再启动过程中，后续回击沿着前序雷电通道再次击中极 I 导线，而第二次再启动过程中，弧道去游离不充分，再次遭遇后续回击，最终导致极 I 闭锁。

2.3.3 长连续电流导致单极闭锁

1. 故障简况

2017 年 7 月 2 日 23 时 36 分，某±800kV 直流输电线路极 II（右线）雷击故障重启，故障点距 3165 号杆塔大号方向侧 31.812km，故障杆塔在 3223 号杆塔左右一两基杆塔范围内。极 II 极保护电压突变量保护动作，三套保护均正确动作，极 II 闭锁。

2. 原因分析

（1）雷电监测结果。经查询雷电监测系统，故障时段前后 1min、线路半径 3km 范围内共有 1 个落雷，在 3224～3225 号杆塔段。某±800kV 直流输电线路雷电监测系统查询结果如图 2-32 所示。雷电流幅值为 50.5kA，极性为正极性，参与探测站数在 40 站及以上，疑似故障杆塔为 3224～3225 号杆塔区段。

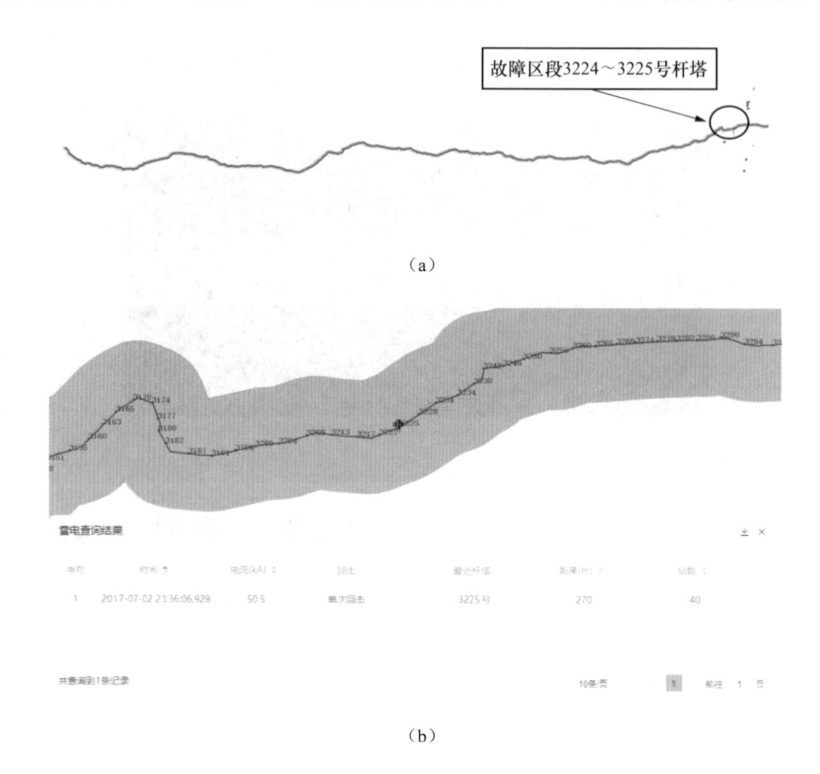

图 2-32 某±800kV 直流输电线路故障时段雷电监测系统查询结果（2017 年 7 月 2 日 23 时）

（a）故障时段全线雷电分布；（b）故障时段故障点附近雷电

（2）分布式行波监测结果。从分布式电流波形图可以看出，极Ⅱ（右线）导线在故障时刻进行了多次重启，分布式电流波形图如图 2-33 所示。经分布式

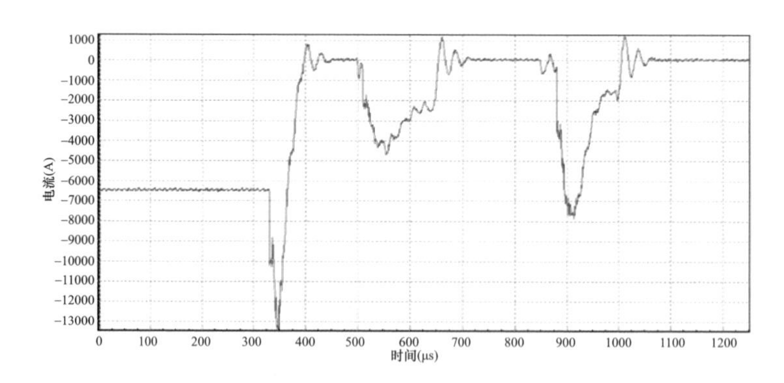

图 2-33 某±800kV 直流输电线路分布式电流波形图（2017 年 7 月 2 日 23 时）

行波监测系统诊断，2017 年 7 月 2 日 23 时 36 分 6 秒 928 毫秒，该±800kV 直流输电线路发生雷击故障，故障相为极Ⅱ（右线），故障点距 3165 号杆塔大号方向侧 31.812km 处，故障杆塔在 3223 号杆塔左右一两基杆塔范围内。长连续电流致单极闭锁故障分布式行波波形如图 2-34 所示，根据系统记录的故障时刻电流行波波形，故障时刻电流行波主波头电流上升比较陡，行波波尾时间小于 20μs，行波起始位置无反极性脉冲，初步判定为雷电绕击。

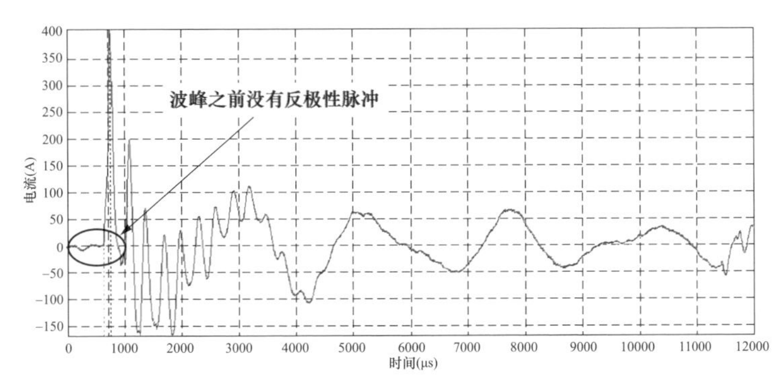

图 2-34 长连续电流致单极闭锁故障分布式行波波形

（3）现场巡视。经现场核查，发现该±800kV 直流输电线路 3224 号杆塔极Ⅱ（右线）小号侧跳线串绝缘子下均压环、塔腿及脚钉有放电痕迹，如图 2-35 所示，确认 3224 号杆塔为故障杆塔。该区段为高山，线路杆塔较高，地形条件复杂，线路容易遭受雷击。

（a）

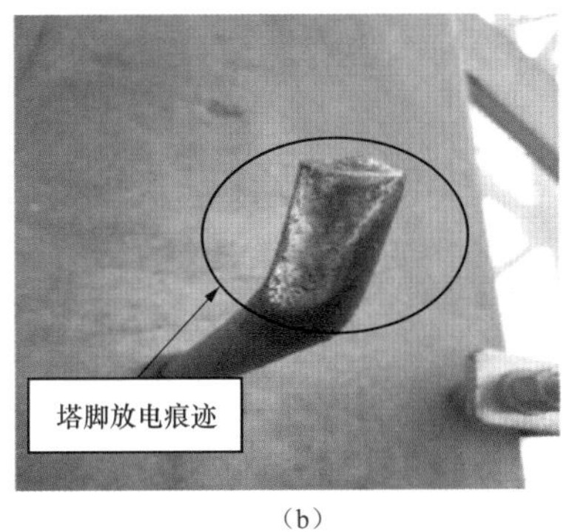

（b）

图 2-35 3224 号杆塔雷击闪络放电痕迹

（a）均压环放电痕迹；（b）塔脚放电痕迹

（4）仿真计算。在 ATP/EMTP 仿真程序中，根据故障塔型结构、绝缘子型号建立雷击模型，算得 3224 号杆塔极Ⅱ（右线）绕击耐雷水平为 36.0kA，反击耐雷水平为 303.0kA。查询雷电监测系统，雷电流幅值达到 3224 号故障杆塔极Ⅱ（右线）绕击耐雷水平。

通过分析杆塔所在处地面倾角，相导线与地面、架空地线的位置关系等，利用 EGM，最终计算得到故障相的最大绕击电流 I_{sk} 为 68.0kA。雷电流幅值 50.5kA 超过绕击耐雷水平，小于最大绕击电流，可以得到此次雷击故障类型为雷电绕击。

此次故障过程站内保护动作情况如下：雷击线路（保护动作）→经 150ms 去游离→第一次线路故障再启动动作 150ms（不成功）→经 200ms 去游离→第二次线路故障再启动动作 150ms（不成功）→高低端阀组闭锁。此次整流站线路故障重启动逻辑波形如图 2-36 所示，故障延续时间超过 754ms，重启动作正确，但是线路仍未达到全压，重启失败，极Ⅱ闭锁。

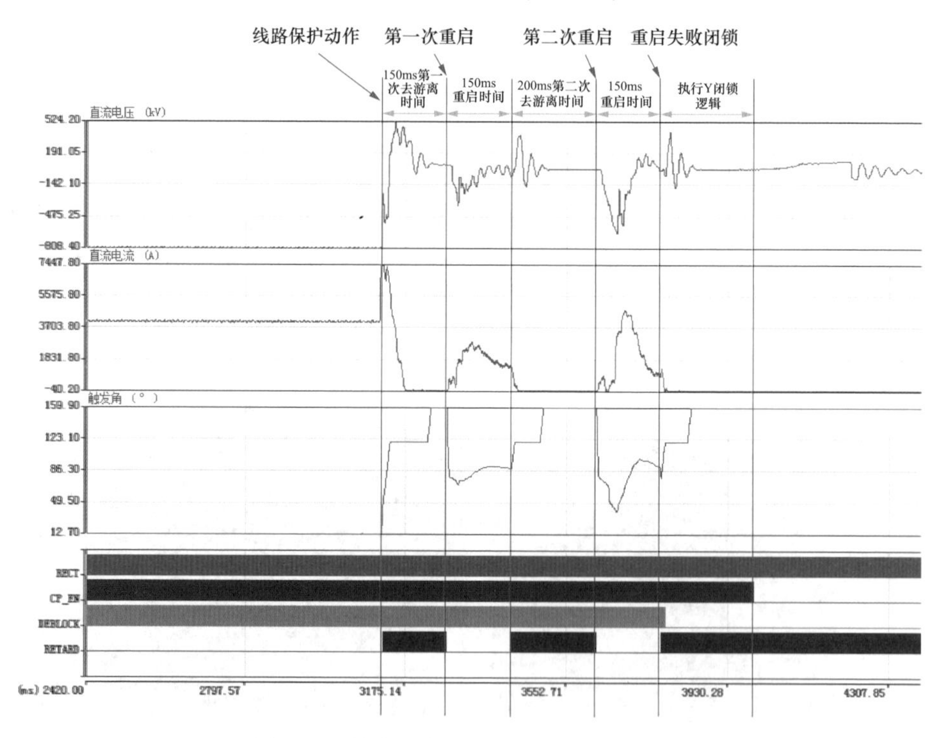

图 2-36　整流站线路故障重启动逻辑波形

3. 分析结论

综上所述，分布式行波监测系统与雷电监测系统的雷电信息在时间和位置上均非常吻合，同时查询到的雷电流幅值满足故障区段绕击发生条件，因此判断此次故障是由于雷电流幅值 50.5kA 的雷电绕击 3224 号杆塔，造成线路重启。

同时由于正极性雷电后续的连续电流时间较负极性长，容易导致去游离时间不充分，因此第二次重启时再次发生故障，导致线路闭锁。

2.3.4 雷电反击导致单极接地故障

1. 故障简况

2019 年 7 月 18 日 19 时 39 分，某±800kV 直流输电线路极Ⅰ（左线）雷击故障重启，位置在 1265 号和 1274 号之间，距离 1265 号杆塔大号方向 2.33km，故障杆塔是 1270 号杆塔，两次全压再启动成功。

2. 原因分析

（1）雷电监测结果。经查询雷电监测系统，故障时段前后 1min、线路半径 10km 范围内共有 7 个落雷，在 1267～1271 号杆塔段。某±800kV 直流输电线路雷电监测系统查询结果及详情如图 2-37 及表 2-2 所示。

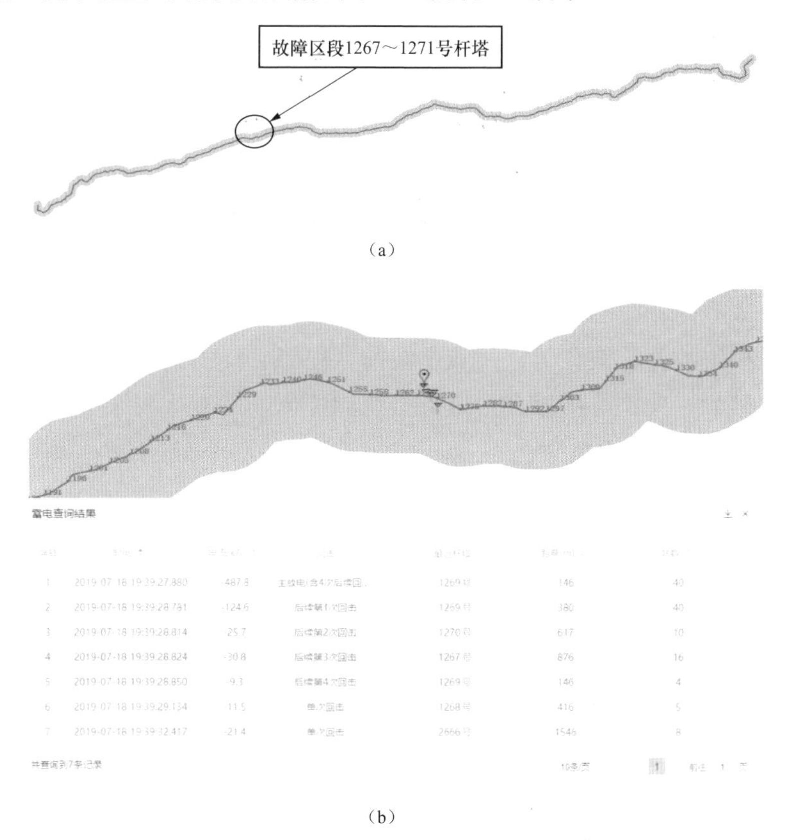

图 2-37 某±800kV 直流输电线路故障时段雷电监测系统查询结果（2019 年 7 月 18 日 19 时）

（a）故障时段全线雷电分布；（b）故障时段故障点附近雷电

表 2-2　某±800kV 直流输电线路雷电监测系统查询详情（2019 年 7 月 18 日 19 时）

序号	时间	电流（kA）	回击	定位站数	距离（m）	最近杆塔
1	2019-07-18 19:39:27.880	−487.8	主放电（含 4 次后续回击）	40	84	1268～1269 号
2	2019-07-18 19:39:28.781	−124.6	后续第 1 次回击	40	716	1269～1270 号
3	2019-07-18 19:39:28.814	−25.7	后续第 2 次回击	10	550	1270～1271 号
4	2019-07-18 19:39:28.824	−30.8	后续第 3 次回击	16	854	1267～1268 号
5	2019-07-18 19:39:28.850	−9.3	后续第 4 次回击	4	1402	1269～1270 号
6	2019-07-18 19:39:29.134	−11.5	单次回击	5	369	1267～1268 号
7	2019-07-18 19:39:32.417	−21.4	单次回击	8	899	2665～2666 号

（2）分布式行波监测结果。经分布式行波监测系统诊断，2019 年 7 月 18 日 19 时 39 分 27 秒 880 毫秒，某±800kV 直流输电线路发生雷击故障，故障相为极Ⅰ（左线），位置在 1265 号和 1274 号杆塔之间，距离 1265 号杆塔大号方向 2.33km，故障杆塔是 1270 号杆塔。

根据极Ⅰ故障行波分析，故障主波前存在明显反击性脉冲，与绕击波形具有显著差异，此次行波符合雷电反击波形特征，雷击行波波形图如图 2-38 所示。

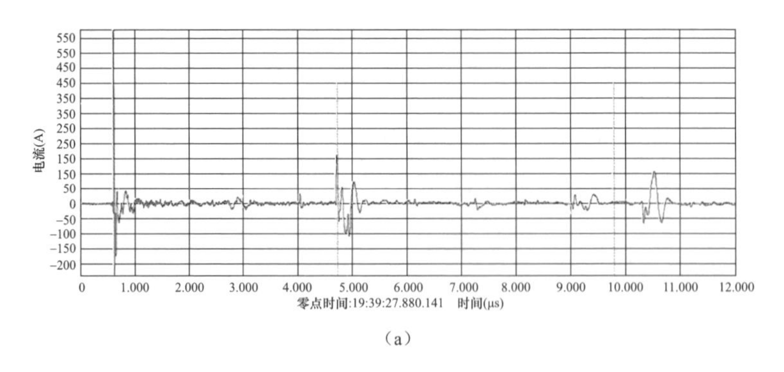

（a）

图 2-38　某±800kV 直流输电线路雷击行波波形图（2019 年 7 月 18 日 19 时）（一）

（a）故障行波波形图

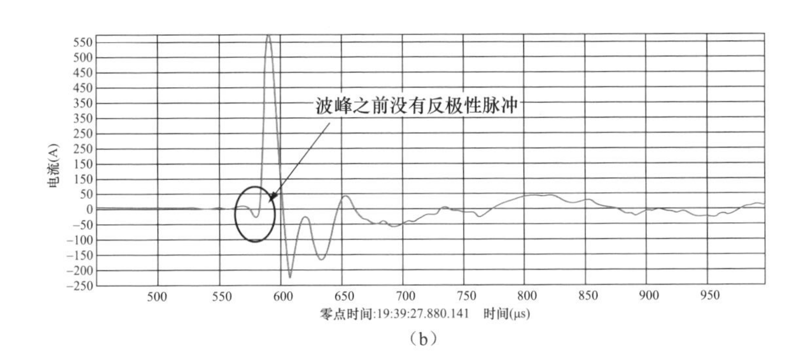

（b）

图 2-38 某±800kV 直流输电线路雷击行波波形图（2019 年 7 月 18 日 19 时）（二）

（b）故障行波主波波形放大图

（3）现场巡视。经现场核查，发现某±800kV 直流输电线路 1270 号杆塔极Ⅰ（左线）地线横担、导线横担、引流下间隔棒及引流线均压环处有放电痕迹，如图 2-39～图 2-41 所示，确认 1270 号杆塔为故障杆塔。

（a）

图 2-39 某±800kV 直流输电线路 1270 号极Ⅰ（左线）地线和导线横担放电痕迹（一）

（a）地线横担放电痕迹

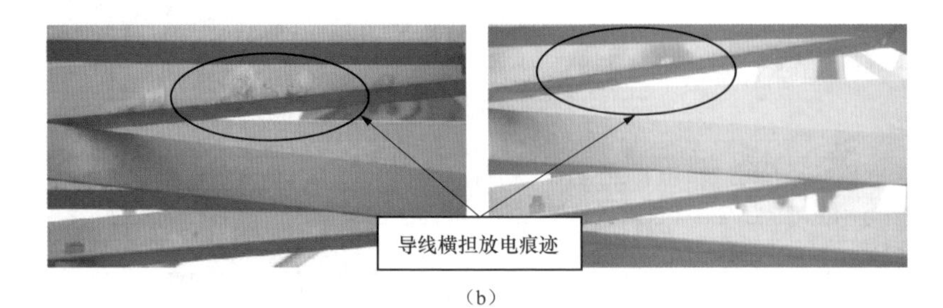

（b）

图 2-39　某±800kV 直流输电线路 1270 号极Ⅰ（左线）地线和导线横担放电痕迹（二）

（b）导线横担放电痕迹

图 2-40　某±800kV 直流输电线路 1270 号极Ⅰ（左线）引流下间隔棒放电痕迹

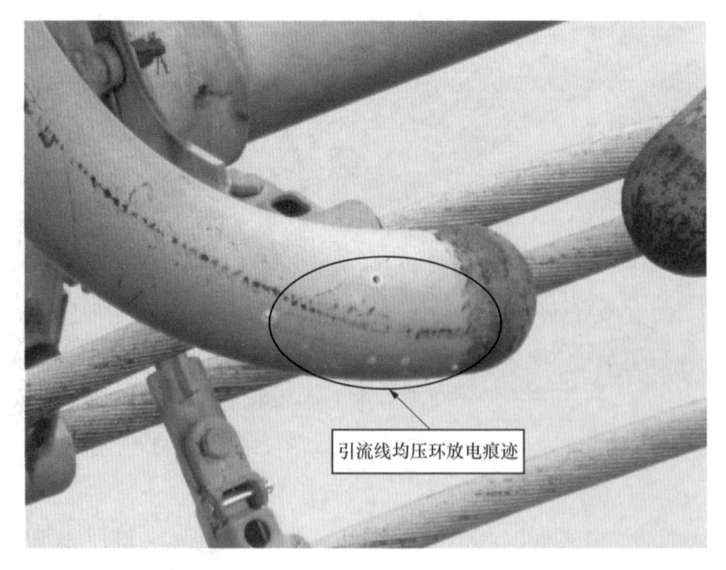

图 2-41　某±800kV 直流输电线路 1270 号极Ⅰ（左线）引流线均压环放电痕迹

故障区段处于高山大岭区域，1270 号故障杆塔位置为山坡，容易遭受雷击，故障杆塔地形图如图 2-42 所示。

图 2-42 某±800kV 直流输电线路 1270 号故障杆塔地形图

（4）仿真计算。在 ATP/EMTP 仿真程序中，根据故障塔型结构、绝缘子型号建立雷击模型，算得 1270 号杆塔极 I （左线）绕击耐雷水平为 36.0kA，反击耐雷水平为 297.0kA。通过 EGM 算得最大绕击雷电流为 50.5kA。序号 1 的雷电流幅值满足 1270 号杆塔极 I （左线）反击闪络条件。

对 1270 号杆塔进行反击耐雷水平仿真，最终得到当雷电流极性为负值时，杆塔的单极反击耐雷水平为 297.0kA，双极反击耐雷水平为 546.0kA。与交流输电线路不同，直流输电线路的反击耐雷水平存在明显的极性效应，当雷电流极性为负，雷击塔顶或地线时，极 I 绝缘子串承受电压远高于极 II，故此时极 I 较极 II 更容易发生闪络；由于雷电流极性与极 II 极性相同，故若要使极 II 发生闪络，则需要更大的雷电流幅值才能使极 II 导线与杆塔间产生足够的电压差，故针对直流输电线路，双极闪络与单极闪络耐雷水平差值较大。

3. 分析结论

综上所述，此次故障为大幅值雷电反击所致，跳闸过程为：序号 1 的雷电反击 1270 号杆塔，超过其反击耐雷水平，电弧烧伤 1270 号杆塔极 I （左线）地线横担、导线横担、引流下间隔棒及引流线均压环，导致极 I （左线）接地短路故障，后续全压重启成功。

2.3.5 非雷击导致单极接地故障

1. 故障简况

2015 年 10 月 8 日 12 时 55 分，某±800kV 直流输电线路极 I （左线正极性）故障重启，位置在 1427 号和 1432 号之间，距离 1427 号杆塔大号方向 1.93km，故障杆塔是 1430 号杆塔，两次全压再启动成功。

2. 原因分析

（1）雷电监测结果。经查询雷电监测系统，故障时段前后 1min、线路半径 10km 范围内未发现落雷。雷电监测系统查询结果如图 2-43 所示。

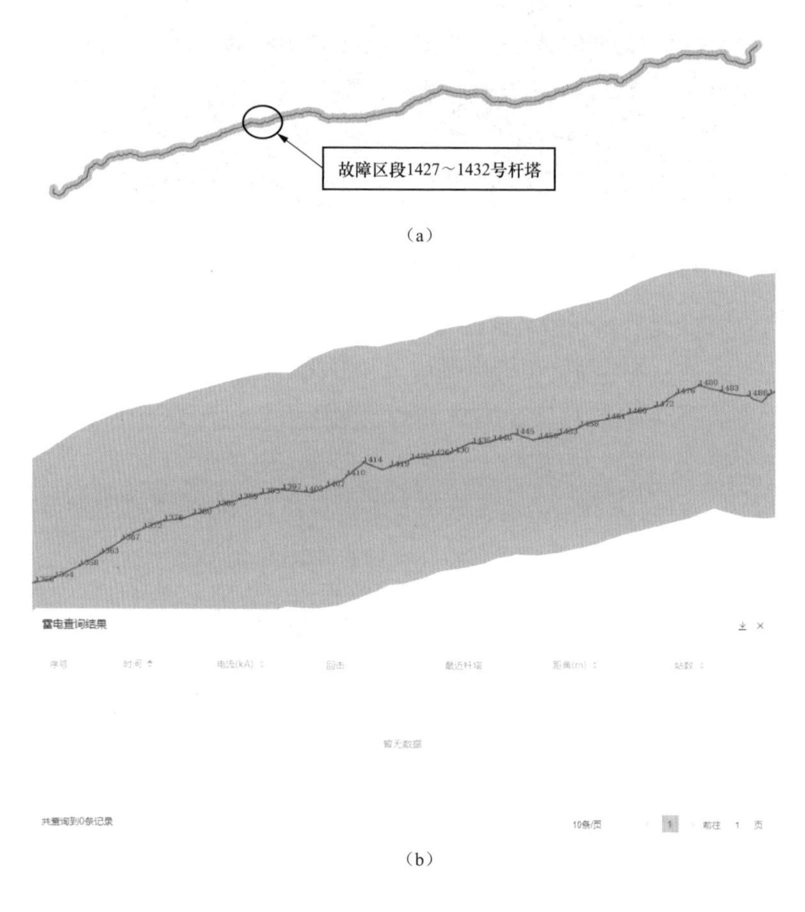

图 2-43　某±800kV 直流输电线路故障时段雷电监测系统查询结果（2015 年 10 月 8 日 12 时）

（a）故障时段全线雷电分布；（b）故障时段故障点附近雷电

（2）故障录波监测结果。根据故障录波图，故障前正常直流电流 4500A，12 时 55 分 17 秒发生故障，故障电流 6986A（为正常电流的 1.55 倍），故障后触发角移相，全压再启动第一次不成功，全压再启动第二次成功，故障录波图如图 2-44 所示。

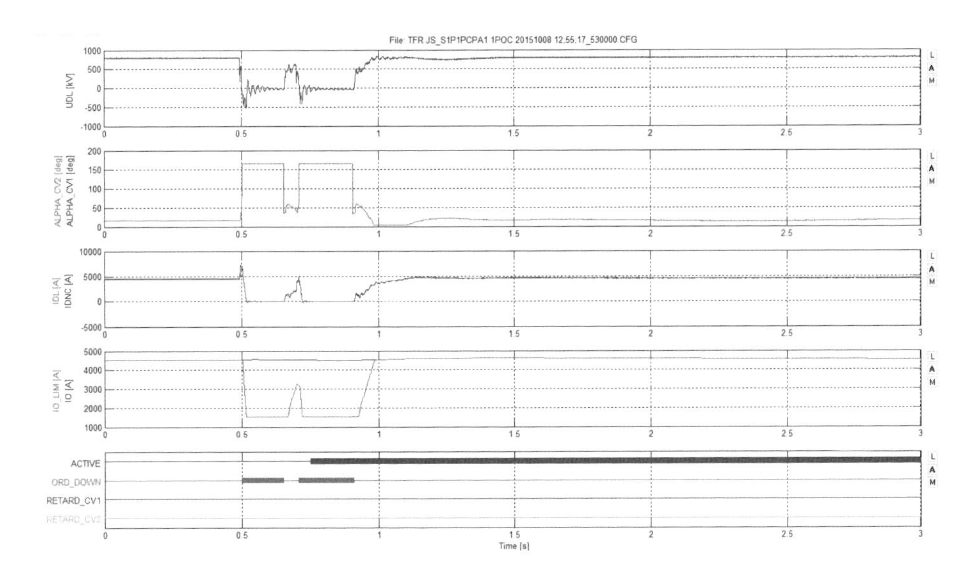

图 2-44　某±800kV 直流输电线路故障录波图（2015 年 10 月 8 日 12 时）

（3）现场巡视。经现场巡视，发现该±800kV 直流输电线路 1430 号杆塔极Ⅰ（左线）大号侧约 100m 处导线上有轻微灼伤痕迹，如图 2-45 所示。在 1430 号杆塔和 1431 号杆塔之间极Ⅰ导线水平距离 1430 号杆塔约 200m 处发现烧焦细线，如图 2-46 所示，确认 1430 号杆塔为故障杆塔。

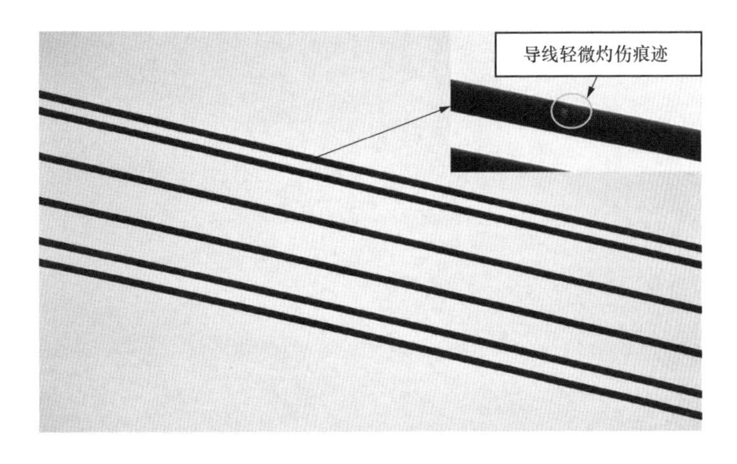

图 2-45　导线轻微灼伤痕迹图

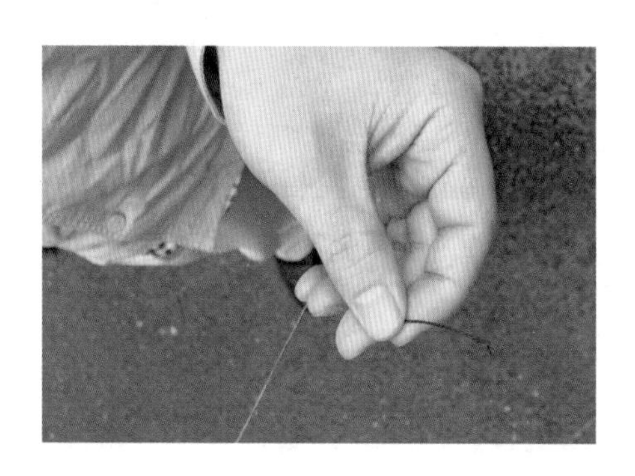

图 2-46　1430 号杆塔大档距侧约 200m 处烧焦细线

3. 分析结论

结合现场巡视情况、现场地形、测距信息综合判断，此次故障是由于短时阵风引起风筝飘至 1430 号杆塔极Ⅰ大号侧约 100m 处导线上，导致线路极Ⅰ发生瞬时接地故障。

3 超高压架空输电线路雷击故障

相对于特高压架空输电线路，超高压架空输电线路的绕击、反击耐雷水平均较低，同时线路总数量和总长度较多，因此发生雷击故障的数量也远多于特高压线路。2017～2021年的统计结果表明，超高压架空输电线路发生雷击故障次数占故障总数的47%以上，位居各类故障第一位。

3.1 750kV交流输电线路

3.1.1 雷电绕击导致单相接地故障

1. 故障简况

2019年9月6日17时53分，西北地区某750kV交流输电线路A相（右边相）发生跳闸，测距距离小号侧变电站9.8km，故障区段为15～23号杆塔，重合成功。

2. 原因分析

（1）雷电监测结果。经查询雷电监测系统，故障时段前后1min、线路半径5km范围内共有4个落雷，在15～23号杆塔段。线路故障时段雷电监测系统查询结果如图3-1所示。

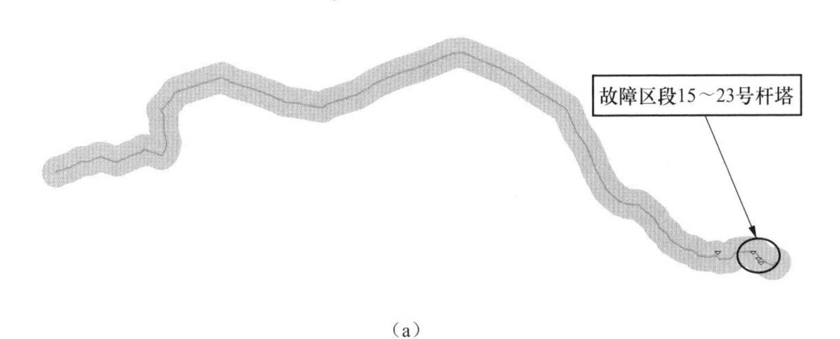

（a）

图3-1 某750kV交流输电线路故障时段雷电监测系统查询结果（2019年9月6日17时）（一）

（a）故障时段全线雷电分布

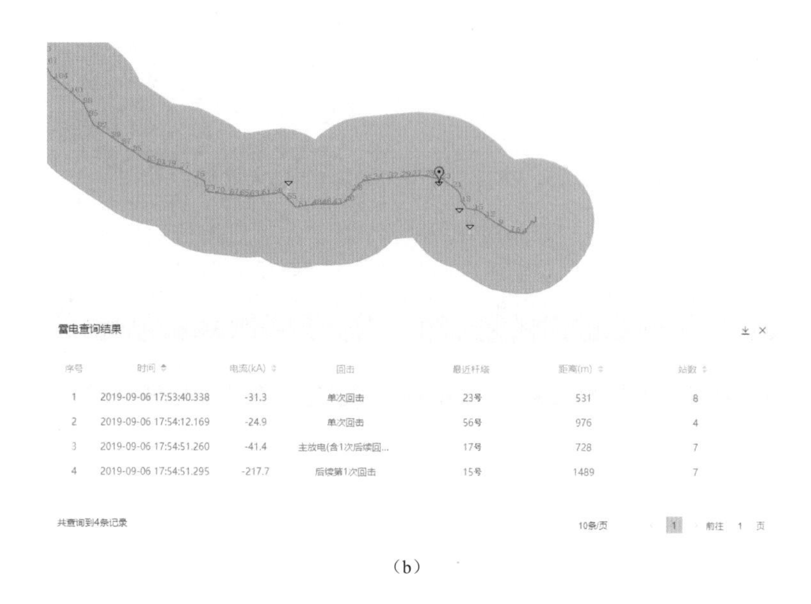

雷电查询结果

序号	时间	电流(kA)	回击	最近杆塔	距离(m)	站数
1	2019-09-06 17:53:40.338	-31.3	单次回击	23号	531	8
2	2019-09-06 17:54:12.169	-24.9	单次回击	56号	976	4
3	2019-09-06 17:54:51.260	-41.4	主放电(含1次后续回...	17号	728	7
4	2019-09-06 17:54:51.295	-217.7	后续第1次回击	15号	1489	7

共查询到4条记录　10条/页　1　前往 1 页

（b）

图 3-1　某 750kV 交流输电线路故障时段雷电监测系统查询结果（2019 年 9 月 6 日 17 时）（二）

（b）故障时段故障点附近雷电

（2）现场巡视。经现场巡视，发现 21 号杆塔 A 相（右边相）横担侧挂点连接金具、绝缘子伞裙处、导线侧均压环均有放电烧伤痕迹，确认 21 号杆塔为故障塔，21 号杆塔故障痕迹及通道环境如图 3-2～图 3-8 所示。该杆塔位于山脊位置，易遭受雷击，且附近其他杆塔未发现其他故障疑似点。

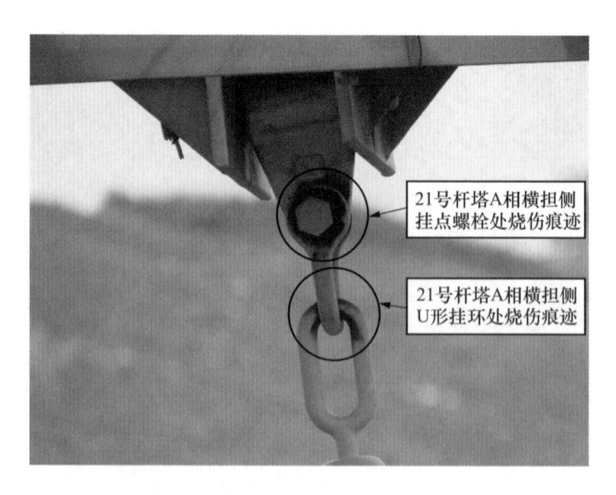

图 3-2　21 号杆塔 A 相（右边相）横担挂点附近烧伤痕迹

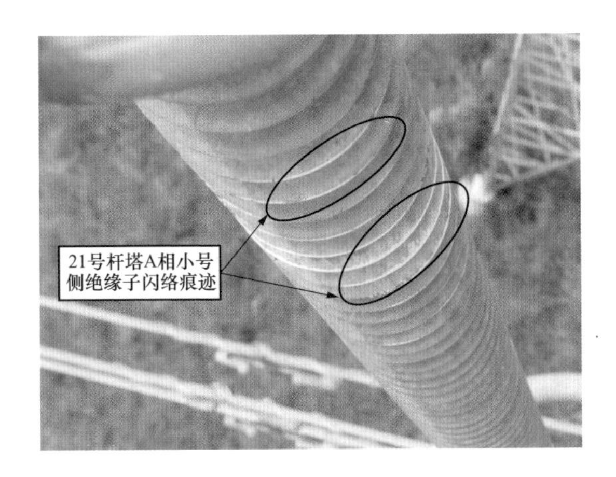

图 3-3 21 号杆塔 A 相（右边相）小号侧绝缘子闪络痕迹

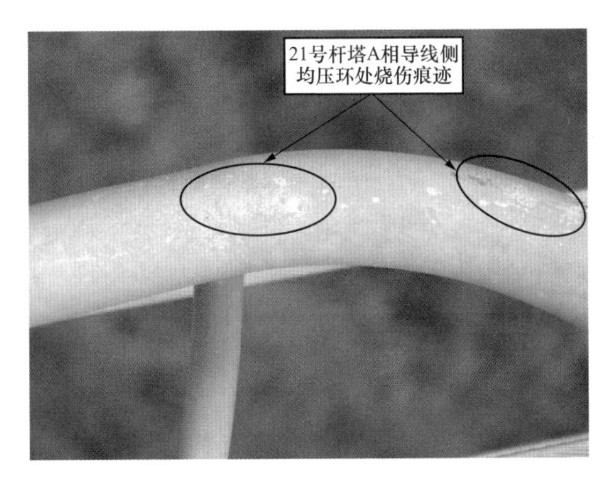

图 3-4 21 号杆塔 A 相（右边相）导线侧均压环放电痕迹

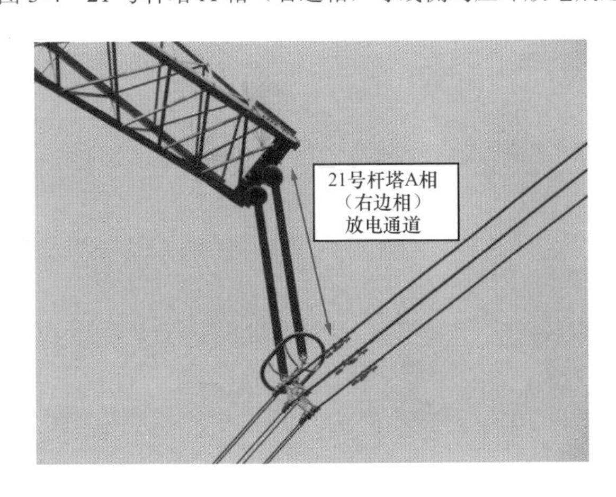

图 3-5 21 号杆塔 A 相（右边相）放电通道

图 3-6　21 号杆塔所处地形

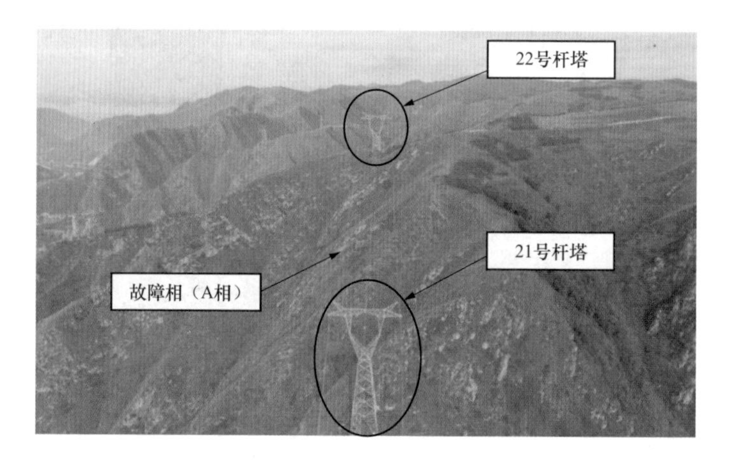

图 3-7　21 号杆塔大号侧通道

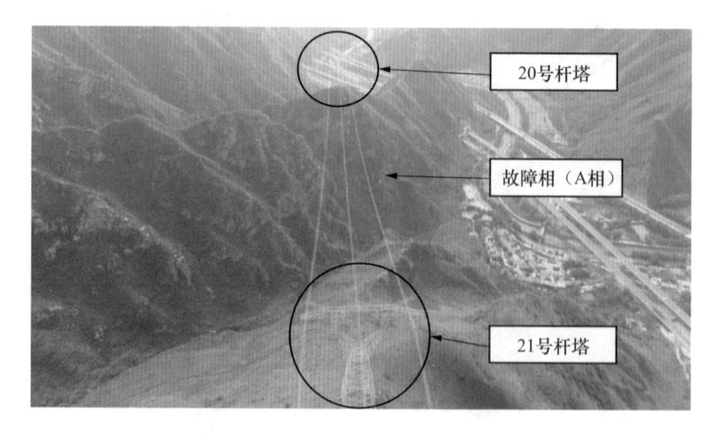

图 3-8　21 号杆塔小号侧通道

对 21 号杆塔及前后各两基塔位进行接地测量，数据均合格，故障点临近塔位接地电阻测量具体数据见表 3-1。

表 3-1　　21 号故障杆塔及邻近塔位接地电阻测量情况

杆塔编号	设计值（Ω）	接地电阻实测值（Ω）				检查结果
		A 腿	B 腿	C 腿	D 腿	
19	25	12.2	13.6	12.1	13.5	合格
20	25	12.1	12.2	12.0	12.1	合格
21	25	16.5	16.3	16.3	16.4	合格
22	25	15.2	15.1	15.2	15.2	合格
23	25	14.6	14.5	14.5	14.6	合格

（3）仿真分析。在 ATP/EMTP 仿真程序中，根据故障塔型结构、绝缘子型号建立雷击模型，雷电流设为负极性，计算得到 21 号杆塔 A 相（右边相）绕击耐雷水平为 19.4kA，通过 EGM 计算得到最大绕击电流为 90.2kA。根据运行经验，通常 750kV 交流输电线路杆塔单相闪络对应的反击耐雷水平一般超过 180kA。

线路故障时段雷电监测结果中序号 1 的雷电流幅值（－31.3kA）满足 21 号杆塔 A 相（右边相）绕击闪络条件。

3. 分析结论

综上所述，此次故障为雷电绕击所致，跳闸过程为：序号 1 的雷电绕击 A 相（右边相）导线，超过其绕击耐雷水平，过电压产生的雷电冲击电弧转化为工频电弧，电弧烧伤导线侧均压环、绝缘子、挂点塔材，在 A 相导线与横担挂点间形成放电通道，放电电弧灼烧到 A 相复合绝缘子，放电电流继续沿塔身传播至塔脚、架空地线，导致 A 相单相接地短路故障，保护动作使断路器 A 相跳闸，后续重合闸动作并成功。

3.1.2 雷电反击导致单相接地故障

1. 故障简况

2015 年 10 月 13 日 5 时 42 分，西北地区某 750kV 交流输电线路 C 相（同塔双回中相）跳闸，测距距离大号侧变电站 131km、距离小号侧变电站 19.25km，故障区段为 23～32 号杆塔，重合成功。

2. 原因分析

（1）雷电监测结果。经查询雷电监测系统，故障时段前后 3min、线路半径 5km 范围内共有 5 个落雷，在 109～116 号、33～34 号杆塔段。线路故障时段雷电监测系统查询结果如图 3-9 所示。

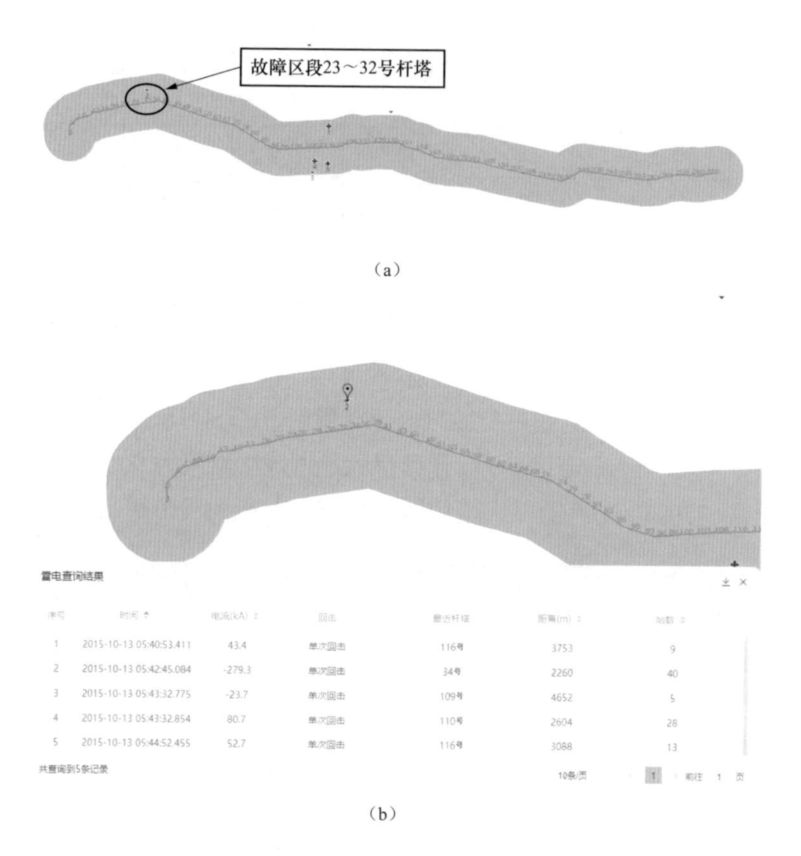

序号	时间	电流(kA)	回击	最近杆塔	距离(m)	站数
1	2015-10-13 05:40:53.411	43.4	单次回击	116号	3753	9
2	2015-10-13 05:42:45.084	-279.3	单次回击	34号	2260	40
3	2015-10-13 05:43:32.775	-23.7	单次回击	109号	4652	5
4	2015-10-13 05:43:32.854	80.7	单次回击	110号	2604	28
5	2015-10-13 05:44:52.455	52.7	单次回击	116号	3088	13

图 3-9 某 750kV 交流输电线路故障时段雷电监测系统查询结果（2015 年 10 月 13 日 5 时）

（a）故障时段全线雷电分布；（b）故障时段故障点附近雷电

（2）现场巡视。经现场巡视，发现 33 号杆塔 C 相（同塔双回中相）引流线爬梯最下端连接处有放电痕迹，下相横担小号侧挂点联板内侧塔材有放电痕迹，确认 33 号杆塔为故障塔，33 号杆塔故障位置、痕迹及通道环境如图 3-10～图 3-16 所示。根据放电痕迹，判断放电通道为中相引流线至下相横担。该杆塔所处地形属丘陵山区，海拔 2639m，故障区段内其他塔位未发现其他疑似点。

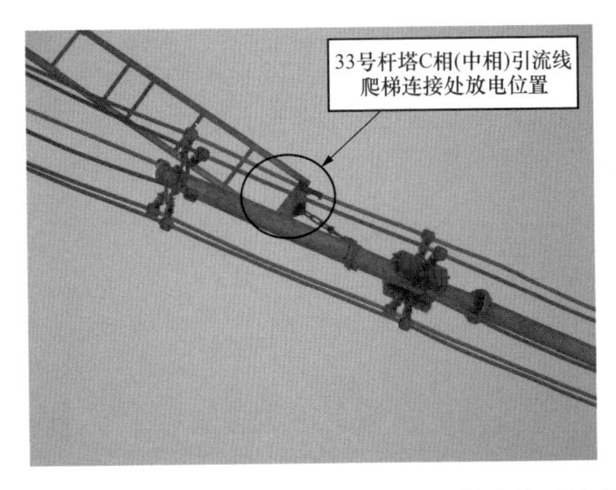

图 3-10 33 号杆塔 C 相（中相）引流线爬梯连接处放电位置

图 3-11 33 号杆塔 C 相（中相）引流线爬梯连接处放电痕迹

图 3-12 33 号杆塔小号侧挂点联板内侧放电位置

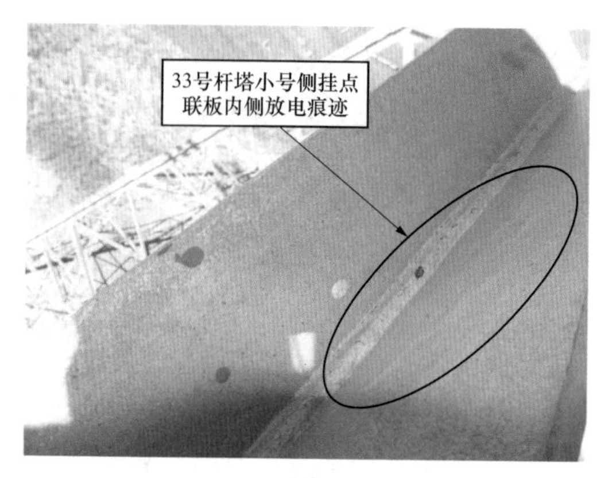

图 3-13　33 号杆塔小号侧挂点联板内侧放电痕迹

图 3-14　33 号杆塔 C 相（中相）引流线与下相小号侧挂点联板内侧表面形成放电通道

图 3-15　33 号杆塔小号侧通道

图 3-16　33 号杆塔大号侧通道

现场进行33号杆塔及相邻杆塔进行接地电阻测量和接地通道检查工作，故障点临近塔位接地电阻测量情况见表3-2，杆塔塔腿未发现明显烧伤痕迹且接地电阻值满足运行要求。

表3-2　　33号故障杆塔及邻近塔位接地电阻测量情况

杆塔编号	设计值（Ω）	接地电阻实测值（Ω）				检查结果
		A腿	B腿	C腿	D腿	
32	25	6.8	6.8	7.1	8.4	合格
33	25	9.4	9.0	9.1	10.4	合格
34	25	11.8	9.0	8.2	6.9	合格

（3）仿真分析。在ATP/EMTP仿真程序中，根据故障塔型结构、绝缘子型号建立雷击模型，雷电流设为负极性，算得33号杆塔C相（中相）绕击耐雷水平为20kA，通过EGM算得最大绕击电流为43.8kA，反击耐雷水平为240kA。

线路故障时段雷电监测结果显示，序号2的雷电流幅值（－279.3kA）满足33号杆塔C相（中相）反击闪络条件。

3. 分析结论

综上所述，此次故障为雷电反击所致，跳闸过程为：序号2的雷电反击33号杆塔，超过其反击耐雷水平，33号杆塔C相（中相）引流线对下横担剩余空气间隙击穿放电，过电压产生的雷电冲击电弧转化为工频电弧，电弧烧伤引流线爬梯最下端连接处和下相横担小号侧挂点联板内侧塔材，导致C相单相接地短路故障，保护动作使断路器C相跳闸，后续重合闸动作并成功。

3.2　500kV交流输电线路

3.2.1　雷电绕击导致单相接地故障

1. 故障简况

2020年6月5日16时2分，华东地区某500kV交流输电线路B相（左边相）跳闸，测距距离大号侧变电站84km，故障区段为42～45号杆塔，重合成功。

2. 原因分析

（1）雷电监测结果。经查询雷电监测系统，故障时段前后 1min、线路半径 5km 范围内共有 5 个落雷，在 42～44 号、61～62 号杆塔段。其中序号 3 的雷电，定位 43～44 号杆塔附近，与故障监测情况十分吻合。线路故障时段雷电监测系统查询结果及详情如图 3-17、表 3-3 所示。

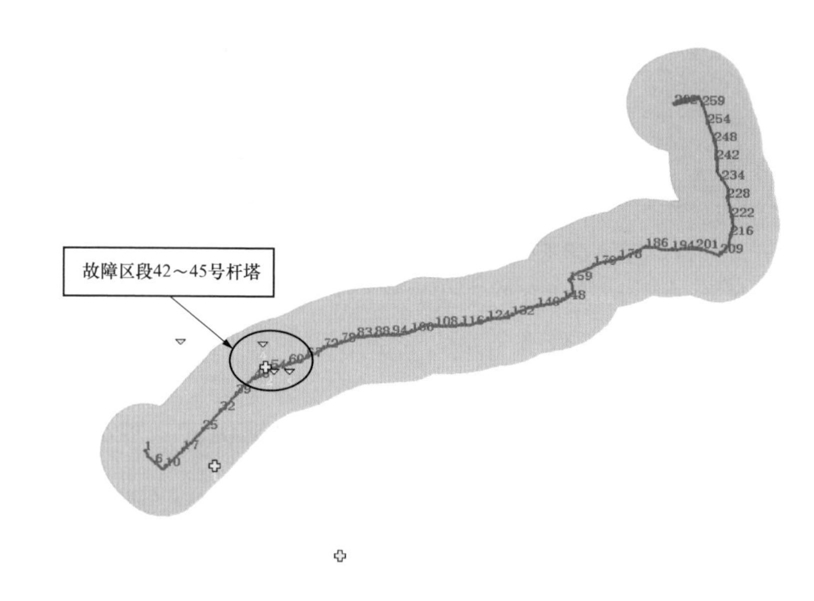

图 3-17　某 500kV 交流输电线路故障时段雷电监测系统查询结果（2020 年 6 月 5 日 16 时）

表 3-3　某 500kV 交流输电线路故障时段雷电监测系统查询详情（2020 年 6 月 5 日 16 时）

序号	时间	电流（kA）	回击	定位站数	距离（m）	最近杆塔
1	2020-06-05 16:02:31.321	36.9	主放电（含 1 次后续回击）	27	3850	22 号
2	2020-06-05 16:02:31.569	−4.2	后续第 1 次回击	4	472	54 号
3	2020-06-05 16:02:31.572	13.7	后续第 1 次回击	6	386	43 号
4	2020-06-05 16:02:31.585	−5.5	后续第 2 次回击	6	2731	55 号
5	2020-06-05 16:02:31.750	−5.3	后续第 4 次回击	8	907	60 号

（2）站内故障录波。通过站内故障录波分析，故障时刻为 2020 年 6 月 5

日16时2分31秒572毫秒，故障时间与表3-3中序号3的雷电吻合，故障相别为B相，短路类型为单相（B相）接地，重合成功，故障录波波形如图3-18所示。

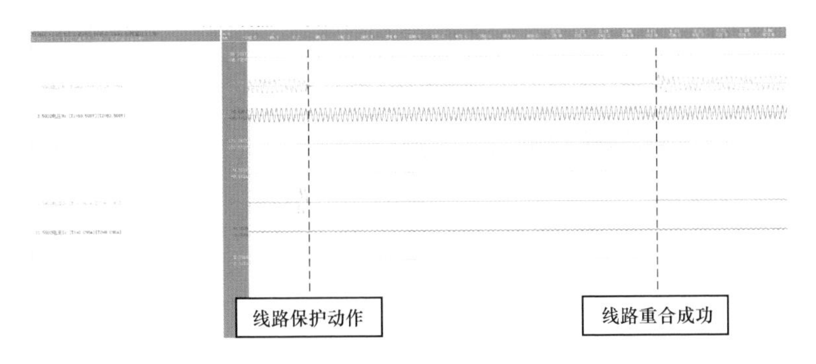

图3-18　42号杆塔故障录波波形（2020年6月5日16时）

（3）分布式行波监测结果。经分布式行波监测系统诊断，2020年6月5日16时2分31秒572毫秒，某500kV交流输电线路发生雷击跳闸，故障相别为B相，位置在42号和134号杆塔之间，距离42号杆塔大号方向810m，故障点在44号杆塔附近。时间、位置与表3-3中序号3的雷电吻合。42号杆塔B相故障行波波形如图3-19所示，根据B相故障行波分析，行波主波波尾持续时间小于20μs，同时主波前无反极性脉冲，符合雷电绕击波形特征。

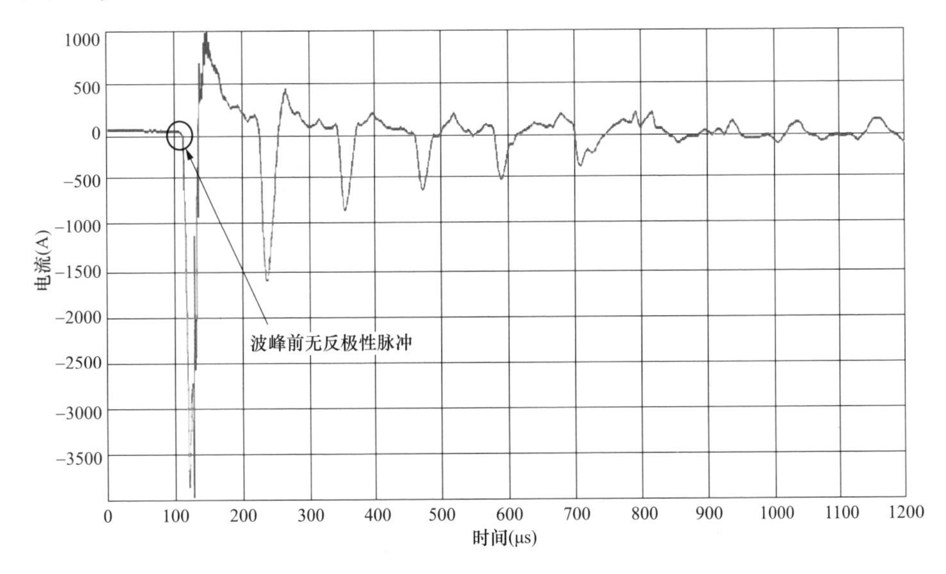

图3-19　42号杆塔B相故障行波波形（2020年6月5日16时）

（4）现场巡视。经现场巡视，发现 44 号杆塔 A 腿处保护帽破损，接地极有明显放电痕迹，B 腿接地极也有明显放电痕迹。在 44 号杆塔 B 相（左边相）导线、复合绝缘子、均压环和悬垂线夹处发现明显放电痕迹，确认 44 号杆塔为故障塔。44 号杆塔放电痕迹及通道环境如图 3-20～图 3-25 所示。故障杆塔 43～44 号区段，为单回路架设，通道环境为农田，现场无机械施工迹象，通道环境中无高大树木。

图 3-20　44 号杆塔 B 相横担侧挂点闪络痕迹

图 3-21　44 号杆塔 A 腿接地极炸裂痕迹

图 3-22　44 号杆塔 B 腿接地极灼烧痕迹

图 3-23　44 号杆塔 B 相放电路径示意图

图 3-24　44 号杆塔大号侧环境

图 3-25　44 号杆塔小号侧环境

（5）仿真分析。在 ATP/EMTP 仿真程序中，根据故障塔型结构、绝缘子型号建立雷击模型，雷电流设为正极性，计算得到 44 号杆塔 B 相（左边相）绕击耐雷水平为 13.0kA，通过 EGM 算得最大绕击电流为 20.6kA。根据运行经验，通常 500kV 交流输电线路杆塔单相闪络对应的反击耐雷水平一般超过 120kA。

线路故障时段雷电监测结果显示，序号 3 的雷电流幅值（13.7kA）满足 44 号杆塔 B 相（左边相）正极性雷绕击闪络条件。

3. 分析结论

综上所述，此次故障为雷电绕击所致，跳闸过程为：序号 3 的正极性雷电绕击 B 相（左边相）导线，超过其绕击耐雷水平，过电压产生的雷电冲击电弧转化为工频电弧，电弧烧伤导线均压环、绝缘子、挂点塔材，在 B 相导线与横担挂点间形成放电通道，放电电弧灼烧到 B 相合成绝缘子，放电电流继续沿塔身传播至塔脚、架空地线，灼烧到塔腿接地极，导致 B 相单相接地短路故障，保护动作使断路器 B 相跳闸，后续重合闸动作并成功。

3.2.2　雷电绕击导致跳线串闪络故障

1. 故障简况

2020 年 5 月 14 日 15 时 26 分，西南地区某 500kV 交流输电线路 B 相（同塔双回中相）跳闸，测距距离小号侧变电站 67.2km，距离大号侧变电站 117.1km，故障区段为 93～130 号杆塔，重合成功。

2. 原因分析

（1）雷电监测结果。经查询雷电监测系统，故障时段前后 1min、线路半径 5km 范围内有 8 个落雷，主要在 119～127 号杆塔段。线路故障时段雷电监测系统查询结果如图 3-26、表 3-4 所示。

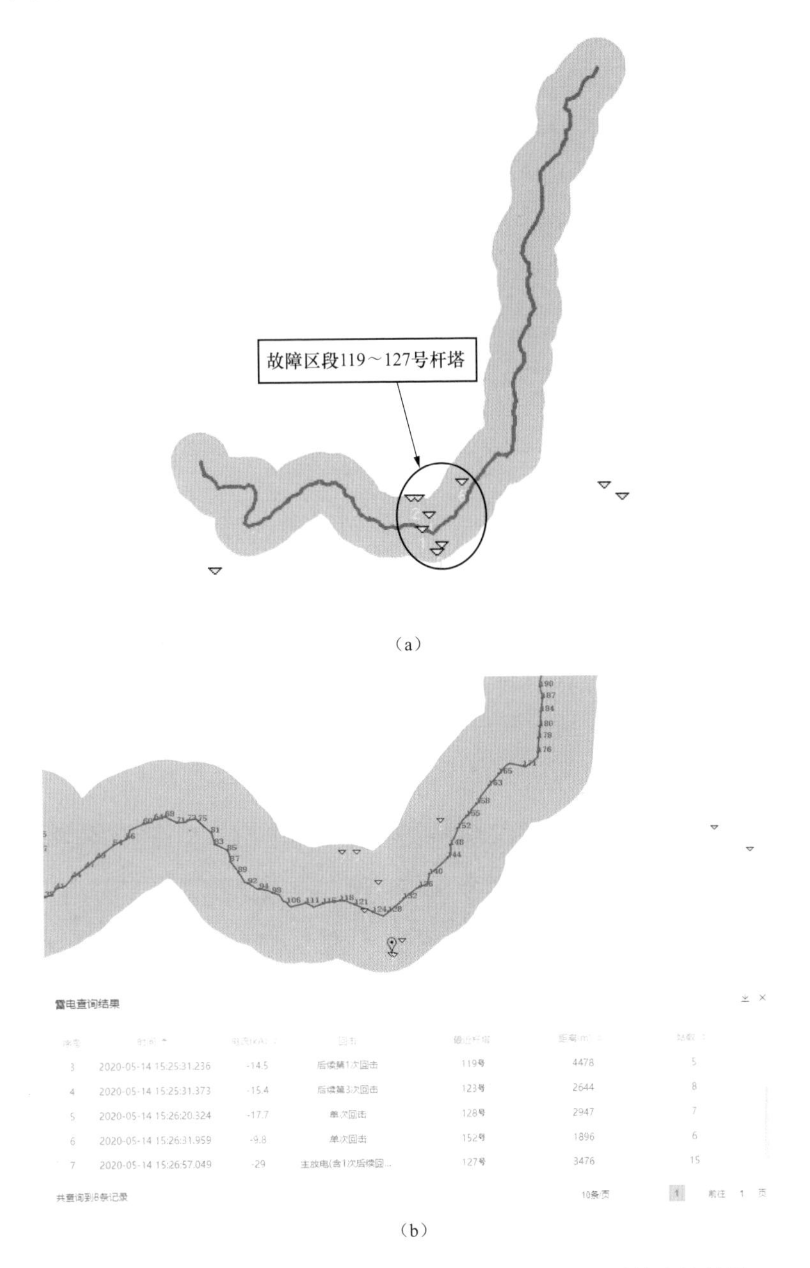

（a）

（b）

图 3-26　某 500kV 交流输电线路故障时段雷电监测系统查询结果（2020 年 5 月 14 日 15 时）

（a）故障时段全线雷电分布；（b）故障时段故障点附近雷电

表 3-4　某 500kV 交流输电线路故障时段雷电监测系统查询详情（2020 年 5 月 14 日 15 时）

序号	时间	电流（kA）	回击	定位站数	距离（m）	最近杆塔
1	2020-05-14 15:25:23.310	－11.7	单次回击	6	321	122 号
2	2020-05-14 15:25:31.208	－17.1	主放电（含 3 次后续回击）	6	4260	119 号
3	2020-05-14 15:25:31.236	－14.5	后续第 1 次回击	5	4478	119 号
4	2020-05-14 15:25:31.373	－15.4	后续第 3 次回击	8	2644	123 号
5	2020-05-14 15:26:20.324	－17.7	单次回击	7	2947	128 号
6	2020-05-14 15:26:31.959	－9.8	单次回击	6	1896	152 号
7	2020-05-14 15:26:57.049	－29	主放电（含 1 次后续回击）	15	3476	127 号
8	2020-05-14 15:26:57.288	－15.8	后续第 1 次回击	9	3650	127 号

（2）现场巡视。经现场巡视，发现 126 号杆塔 B 相（同塔双回中相）耐张引流带电端起第 1、2、3、4 片绝缘子钢帽上及引流悬垂线夹上有明显放电痕迹，确认 126 号杆塔为故障塔，放电通道为同塔双回下坡侧中相（B 相）导线与中相横担间的耐张引流串闪络，126 号杆塔放电痕迹及通道环境如图 3-27～图 3-32 所示。该杆塔处于山坡，地面倾斜角约 40°（阳坡），海拔为 2108m，同塔双回架设，故障线路位于下坡侧，中相导线保护角为 0°。

图 3-27　126 号杆塔 B 相（中相）耐张引流带电端绝缘子钢帽放电痕迹

现场对 126 号杆塔进行了接地装置检查与测量，126 号杆塔接地电阻值分别为 A 腿 5.45Ω、B 腿 5.46Ω、C 腿 5.49Ω、D 腿 5.45Ω，未发现明显烧伤痕迹且接地电阻值满足运行要求。

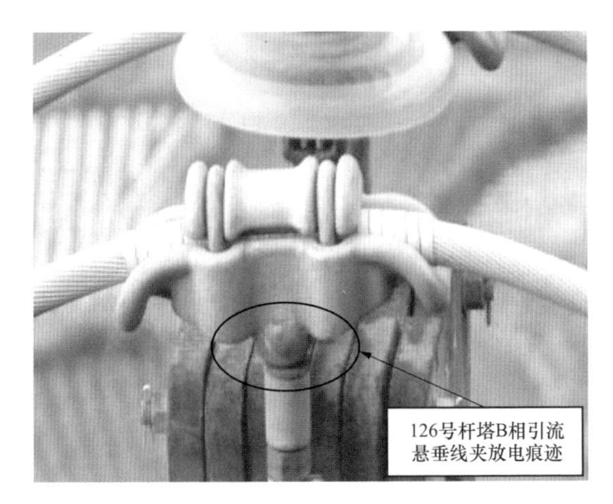

图 3-28 126 号杆塔 B 相（中相）引流悬垂线夹放电痕迹

图 3-29 126 号杆塔 B 相（中相）耐张引流串放电通道

图 3-30 126 号杆塔整体图

图 3-31　126 号杆塔小号侧通道

图 3-32　126 号杆塔大号侧通道

（3）仿真分析。在 ATP/EMTP 仿真程序中，根据故障塔型结构、绝缘子型号建立雷击模型，雷电流设为负极性，计算得到 126 号杆塔 B 相（中相）耐张引流串（跳线串）绕击耐雷水平为 22.6kA，通过 EGM 算得最大绕击电流为 49.2kA，算得反击耐雷水平为 153kA。

线路故障时段雷电监测结果显示，序号 7 的雷电流幅值（−29kA）满足 126 号杆塔 B 相（中相）绕击闪络条件。

3. 分析结论

综上所述，此次故障为雷电绕击所致，跳闸过程为：序号 7 的雷电绕击 B 相（中相）导线，超过耐张引流串（跳线串）的绕击耐雷水平，过电压产生的雷电冲击电弧转化为工频电弧，电弧烧伤引流悬垂线夹、带电端绝缘子钢帽，在 B 相导线与耐张引流串（跳线串）挂点间形成放电通道，导致 B 相单相接地短路故障，保护动作使断路器 B 相跳闸，后续重合闸动作并成功。

3.2.3 雷电绕击导致跳线与下横担闪络故障

1. 故障简况

2020 年 7 月 26 日 19 时 55 分，华东地区某 500kV 交流输电线路 B 相（同塔双回上相）跳闸，测距距离小号侧变电站 39.71km，距离大号侧变电站 9.03km，故障区段为 90～109 号杆塔，重合成功。

2. 原因分析

（1）雷电监测结果。经查询雷电监测系统，故障时段前后 1min、线路半径 5km 范围内有 12 个落雷，其中 4 个位于 92～97 号杆塔附近。线路故障时段雷电监测系统查询结果及详情如图 3-33、表 3-5 所示。

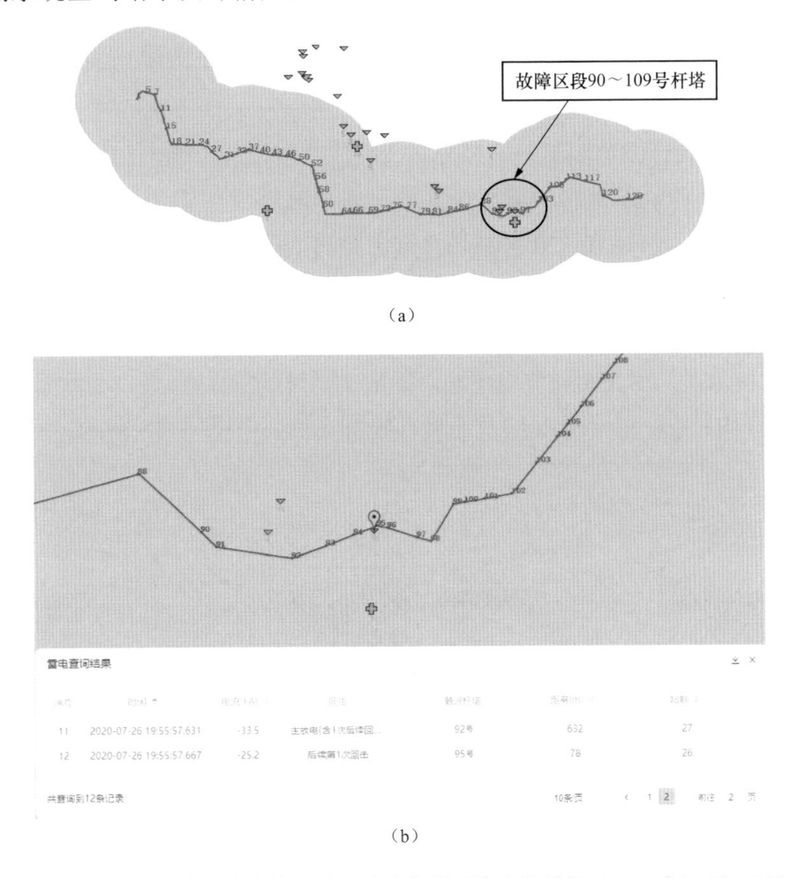

（a）

（b）

图 3-33 某 500kV 交流输电线路故障时段雷电监测系统查询结果（2020 年 7 月 26 日 19 时）

（a）故障时段全线雷电分布；（b）故障时段故障点附近雷电

表 3-5　某 500kV 交流输电线路故障时段雷电监测系统查询详情（2020 年 7 月 26 日 19 时）

序号	时间	电流（kA）	回击	定位站数	距离（m）	最近杆塔
1	2020-07-26 19:54:20.159	13.8	单次回击	5	858	94 号
2	2020-07-26 19:54:27.936	−12.6	单次回击	6	1740	83 号
3	2020-07-26 19:54:28.056	−7.9	单次回击	4	2151	81 号
4	2020-07-26 19:54:36.445	−14.2	主放电（含 1 次后续回击）	12	416	92 号
5	2020-07-26 19:54:36.580	−23.2	后续第 1 次回击	20	4197	52 号
6	2020-07-26 19:55:19.867	−19.6	单次回击	19	4318	89 号
7	2020-07-26 19:55:22.713	8.3	单次回击	3	4466	43 号
8	2020-07-26 19:55:34.868	−24.4	主放电（含 2 次后续回击）	21	4307	52 号
9	2020-07-26 19:55:34.871	−10.8	后续第 1 次回击	3	4044	72 号
10	2020-07-26 19:55:52.045	11	后续第 1 次回击	3	4371	52 号
11	2020-07-26 19:55:57.631	−33.5	主放电（含 1 次后续回击）	27	632	92 号
12	2020-07-26 19:55:57.667	−25.2	后续第 1 次回击	26	78	95 号

（2）分布式行波监测结果。经分布式行波监测系统诊断，2020 年 7 月 26 日 19 时 55 分 57 秒 667 毫秒，某 500kV 交流输电线路发生雷击跳闸，故障相为 B 相，位置在 64 号杆塔和 128 号杆塔之间，距离 64 号杆塔大号方向 14km，故障杆塔在 91 号杆塔附近。故障时间、位置与雷电监测结果中序号 12 的落雷吻合。

（3）现场巡视。经现场巡视，发现 91 号杆塔外侧 B 相（上相）跳线与下方中相横担角铁上存在明显放电痕迹，确认 91 号杆塔为故障塔，为耐张转角塔，位于山脊，91 号杆塔故障痕迹及通道环境如图 3-34～图 3-36 所示。根据放电

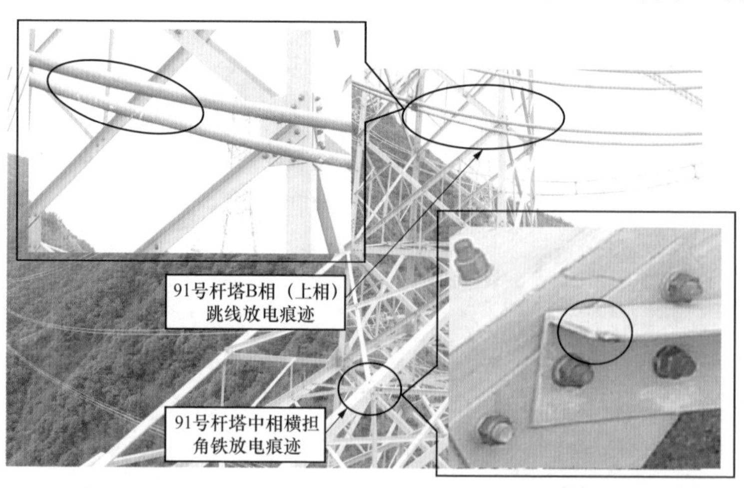

图 3-34　91 号杆塔 B 相（上相）跳线与下方中相横担角铁放电痕迹

痕迹，判断放电通道为上相跳线最低点至下方中相横担角铁。现场检查确认，导线、金具、塔材等情况较好，不影响线路正常运行，接地电阻测量值为4.7Ω，满足运行要求。

图3-35　91号杆塔B相（上相）跳线与中相横担放电通道

图3-36　91号杆塔所处地形

（4）仿真分析。通过故障杆塔和跳线绝缘子串设计图纸，可以计算出跳线最低点与下相横担的最小空气间隙，跳线绝缘子串最低点与下相横担空气间隙为 4565mm，小于跳线绝缘子串全长 5230mm，91 号杆塔上相跳线绝缘子串及最小空气间隙示意图如图 3-37 所示。

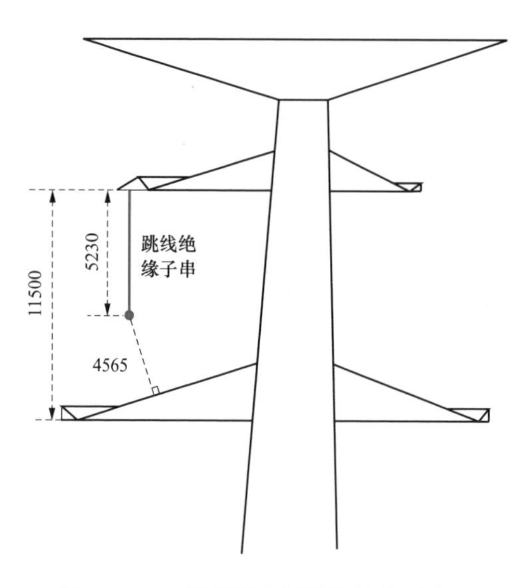

图 3-37　91 号杆塔上相跳线绝缘子串及最小空气间隙示意图

在 ATP/EMTP 仿真程序中，考虑跳线与下相横担之间的空气间隙，根据故障塔型结构、绝缘子型号建立雷击模型，雷电流设为负极性，计算得出 91 号杆塔 B 相（上相）绕击耐雷水平为 15.3kA，通过 EGM 计算得出最大绕击电流为 56.32kA，算得反击耐雷水平为 143kA。

线路故障时刻雷电监测结果显示，12 号雷电流幅值（－25.2kA）满足 91 号杆塔 B 相（上相）绕击闪络条件。

3. 分析结论

综上所述，此次故障为雷电绕击所致，跳闸过程为：序号 12 的雷电绕击 B 相（上相）导线，超过其绕击耐雷水平，91 号杆塔 B 相（上相）跳线最下端对中相横担剩余空气间隙击穿放电，过电压产生的雷电冲击电弧转化为工频电弧，电弧烧伤上相跳线与下方中相横担角铁，导致 B 相单相接地短路故障，保护动作使断路器 B 相跳闸，后续重合闸动作并成功。

3.2.4　雷电绕击跳线导致相间闪络故障

1. 故障简况

2020 年 5 月 5 日 11 时 0 分，华东地区某 500kV 交流输电线路 A、C 两相（同塔双回中、上相）跳闸，测距距离大号侧变电站 19.6km，故障区段为 97～98 号杆塔，重合闸未动作，线路三相跳闸，11 时 34 分强送成功。

2. 原因分析

（1）雷电监测结果。经查询雷电监测系统，故障时刻前后 1min、线路半径 5km 范围内共有 13 个落雷，主要集中在 94～105 号杆塔段。线路故障时段雷电监测系统查询结果及详情如图 3-38、表 3-6 所示。

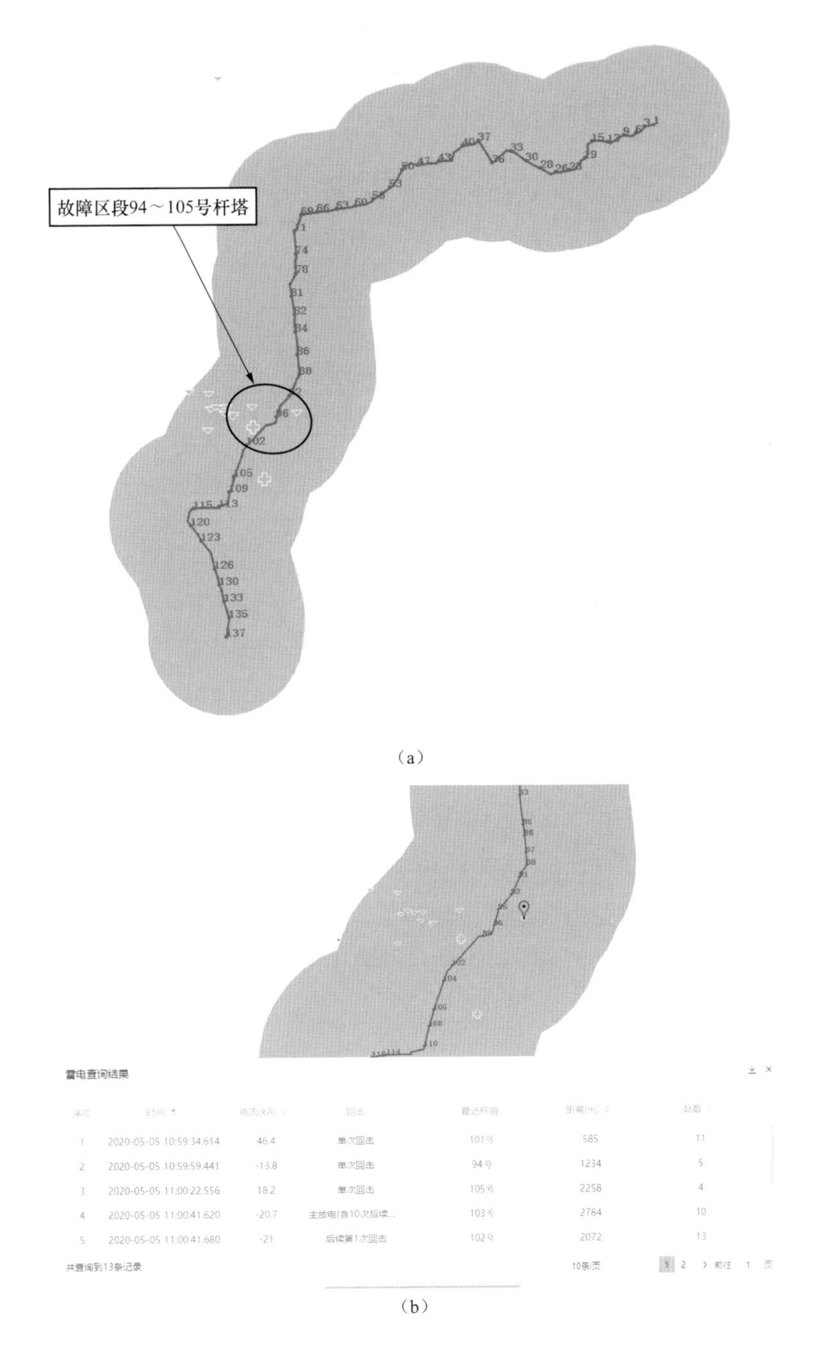

序号	时间	电流(kA)	回击	最近杆塔	距离(m)	站数
1	2020-05-05 10:59:34.614	46.4	单次回击	101号	585	11
2	2020-05-05 10:59:59.441	-13.8	单次回击	94号	1234	5
3	2020-05-05 11:00:22.556	18.2	单次回击	105号	2258	4
4	2020-05-05 11:00:41.620	-20.7	主放电(含10次后续...	103号	2784	10
5	2020-05-05 11:00:41.680	-21	后续第1次回击	102号	2072	13

图 3-38 某500kV交流输电线路故障时段雷电监测系统查询结果（2020年5月5日11时）

（a）故障时段全线雷电分布；（b）故障时段故障点附近雷电

表 3-6　　某 500kV 交流输电线路故障时段雷电监测系统查询详情

（2020 年 5 月 5 日 11 时）

序号	时间	电流（kA）	回击	定位站数	距离（m）	最近杆塔
1	2020-05-05 10:59:34.614	46.4	单次回击	11	585	101 号
2	2020-05-05 10:59:59.441	−13.8	单次回击	5	1234	94 号
3	2020-05-05 11:00:22.556	18.2	单次回击	4	2258	105 号
4	2020-05-05 11:00:41.620	−20.7	主放电（含 10 次后续回击）	10	2784	103 号
5	2020-05-05 11:00:41.680	−21	后续第 1 次回击	13	2072	102 号
6	2020-05-05 11:00:41.782	−17.7	后续第 2 次回击	8	3007	102 号
7	2020-05-05 11:00:41.841	−19.1	后续第 4 次回击	12	4223	102 号
8	2020-05-05 11:00:41.901	−19.4	后续第 5 次回击	12	3300	102 号
9	2020-05-05 11:00:41.947	−9.8	后续第 6 次回击	3	2514	102 号
10	2020-05-05 11:00:41.979	−12.1	后续第 7 次回击	7	3451	103 号
11	2020-05-05 11:00:42.006	−18.5	后续第 8 次回击	10	1513	100 号
12	2020-05-05 11:00:42.061	−19.1	后续第 9 次回击	10	2105	102 号
13	2020-05-05 11:00:42.232	−18.8	后续第 10 次回击	10	2784	102 号

（2）故障录波监测结果。通过站内故障录波分析，故障时刻为 2020 年 5 月 5 日 10 时 59 分 59 秒，故障相别为 A、C 相。此次故障录波波形如图 3-39 所示，故障时 A 相和 C 相电流呈现反相关系，基本无零序电流，判断此次故障为 A、C 相间短路，未发生接地故障。

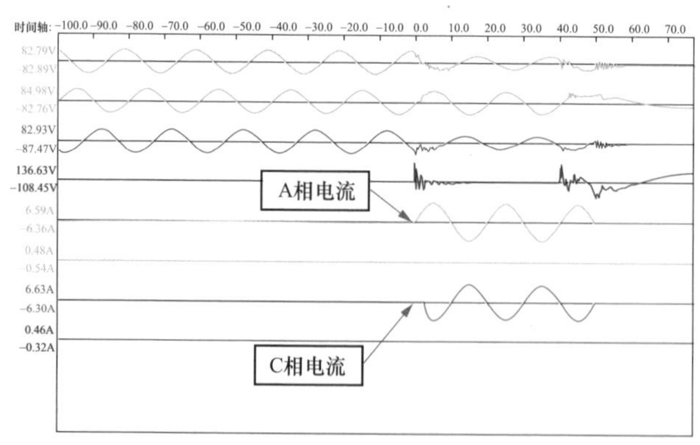

图 3-39　某 500kV 交流输电线路故障录波波形图（2020 年 5 月 5 日 10 时 59 分）

（3）现场巡视。经现场巡视，发现 98 号杆塔 C 相（上相短横担）引流线下子导线外侧和 A 相（中相长横担）屏蔽环内侧上壁有明显放电痕迹，确认 98 号杆塔为故障塔，98 号杆塔故障痕迹及通道环境如图 3-40～图 3-43 所示。该杆塔为同塔双回架设，面向大号侧，故障线路位于左侧，相位排列为 C、A、B（由上至下）。

图 3-40　98 号杆塔 C 相（上相）引流线放电痕迹

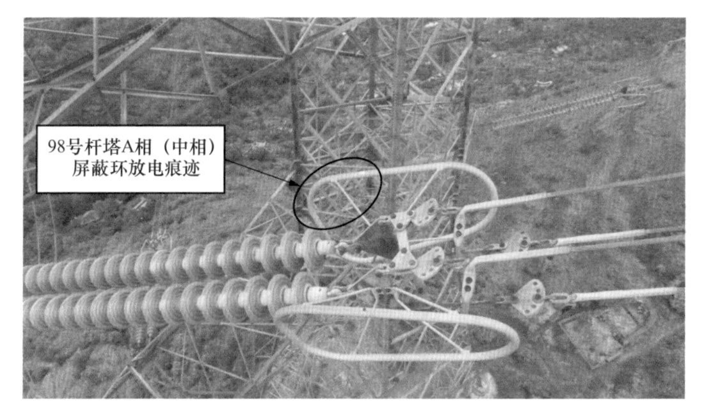

图 3-41　98 号杆塔 A 相（中相）屏蔽环放电痕迹

图 3-42　98 号杆塔塔头照片

图 3-43　98 号杆塔全塔照片

98 号杆塔跳线绝缘子结构高度 4.79m，干弧距离 4.34m，中相绝缘子上扬度较大和上相跳线弧垂较大，导致中相和上相间隙距离较短。按设计跳线弧垂下，上相跳线距离中相耐张串屏蔽环最小距离为 4.15m，现场测量 C 相（上相）引流线放电白斑距离 A 相（中相）屏蔽环放电白斑约 4m，小于跳线绝缘子串干弧距离 4.34m。根据放电痕迹，判断放电通道为 C 相（上相）引流线至 A 相（中相）屏蔽环，如图 3-44 所示。现场对 98 号杆塔进行接地测量，接地电阻值均满足 25Ω 的设计要求。

图 3-44　放电位置空间示意图

（4）仿真分析。在 ATP/EMTP 仿真程序中，根据故障塔型结构、绝缘子型号建立雷击模型，雷电流设为负极性。考虑跳线串绝缘子长度和 A 相（中相）与 C 相（上相）相间距离，计算 A 相（中相）绕击电流区间应为 13.1～37kA，

C 相（上相）最大绕击电流为 20kA，绕击电流区间较窄。根据运行经验，通常 500kV 交流输电线路杆塔单相闪络对应的反击耐雷水平一般超过 120kA。故障杆塔地面倾角约 20°，也增加了 A 相（保护角为 0°）的绕击可能性。雷电监测结果中序号 2 的雷电流幅值（－13.8kA）满足 98 号杆塔 A 相（中相）绕击闪络条件。

3. 分析结论

综上所述，此次故障为雷电绕击导致相间故障。跳闸过程为：序号 2 的雷电绕击 A 相（中相）导线，超过其绕击耐雷水平，98 号杆塔 A 相（中相）屏蔽环内侧上壁对 C 相（上相）引流线下子导线外侧剩余空气间隙击穿放电，过电压产生的雷电冲击电弧转化为工频电弧，电弧烧伤 A 相（中相）屏蔽环和 C 相（上相）引流线，导致 A、C 相相间短路故障，保护动作使断路器 A、C 相跳闸，重合闸未动作，导致线路三相跳闸，后续强送成功。

3.2.5 多重雷击导致避雷器损坏

1. 故障简况

2022 年 7 月 26 日 5 时 9 分，华中地区某 500kV 交流输电线路 B 相（左边相）跳闸，测距距离小号侧变电站 49km，故障区段为 118～119 号杆塔，重合成功。

2. 原因分析

（1）雷电监测结果。经查询雷电监测系统，故障时段前后 1min、线路半径 5km 范围内共有 20 个落雷，主要集中在 110～120 号杆塔段。线路故障时段雷电监测系统查询结果及详情如图 3-45 和表 3-7 所示。

表 3-7 某 500kV 交流输电线路故障时段雷电监测系统查询详情（2022 年 7 月 26 日 5 时）

序号	时间	电流（kA）	回击	定位站数	距离（m）	最近杆塔
1	2022-07-26 05:08:01.677	－30.4	主放电（含 2 次后续回击）	28	3989	116 号
2	2022-07-26 05:08:01.749	－51.1	后续第 1 次回击	40	3939	113 号
3	2022-07-26 05:08:01.868	－65.1	后续第 2 次回击	40	1052	110 号
4	2022-07-26 05:08:30.991	18.7	单次回击	5	2936	116 号
5	2022-07-26 05:08:39.485	－17.1	单次回击	6	4771	247 号
6	2022-07-26 05:08:49.613	－13.8	主放电（含 5 次后续回击）	14	986	117 号
7	2022-07-26 05:08:50.025	－29.5	后续第 2 次回击	24	591	111 号
8	2022-07-26 05:08:50.091	－28.5	后续第 3 次回击	32	1067	111 号

续表

序号	时间	电流（kA）	回击	定位站数	距离（m）	最近杆塔
9	2022-07-26 05:08:50.123	−22.5	后续第 4 次回击	26	1078	111 号
10	2022-07-26 05:08:50.226	−25.1	后续第 5 次回击	27	1320	111 号
11	2022-07-26 05:08:56.440	−13.8	后续第 1 次回击	11	4044	94 号
12	2022-07-26 05:09:40.632	−26.6	主放电（含 6 次后续回击）	26	271	116 号
13	2022-07-26 05:09:40.697	−32.5	后续第 1 次回击	40	790	116 号
14	2022-07-26 05:09:40.767	−15	后续第 2 次回击	13	1003	120 号
15	2022-07-26 05:09:40.917	−10	后续第 3 次回击	7	780	114 号
16	2022-07-26 05:09:41.244	−32.7	后续第 4 次回击	37	69	116 号
17	2022-07-26 05:09:41.400	−33.2	后续第 5 次回击	40	128	116 号
18	2022-07-26 05:09:41.506	−14.7	后续第 6 次回击	16	663	117 号
19	2022-07-26 05:09:41.738	−10.9	主放电（含 1 次后续回击）	8	567	116 号
20	2022-07-26 05:09:41.804	−17.2	后续第 1 次回击	19	484	116 号

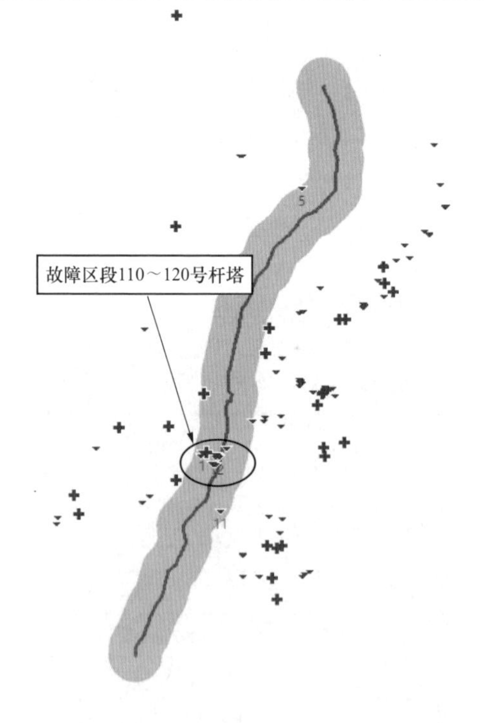

（a）

图 3-45　某 500kV 交流输电线路故障时段雷电监测系统查询结果（2022 年 7 月 26 日 5 时）（一）

（a）故障时段全线雷电分布

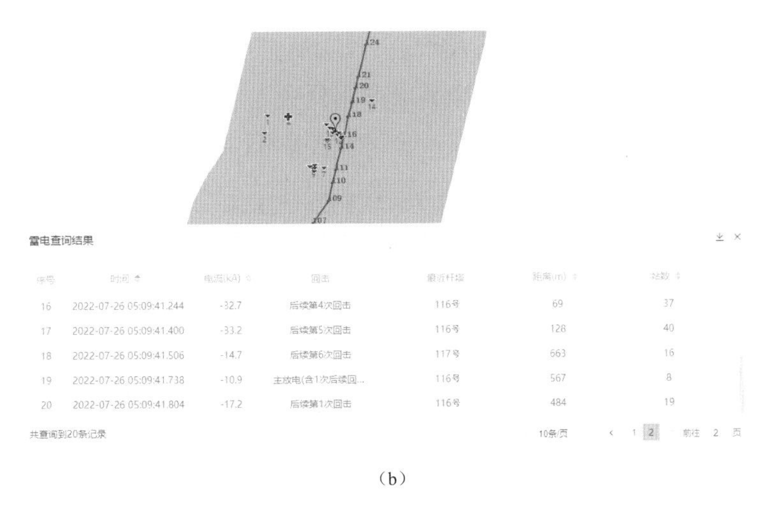

雷电查询结果

序号	时间	电流(kA)	回击	最近杆塔	距离(m)	站数
16	2022-07-26 05:09:41.244	-32.7	后续第4次回击	116号	69	37
17	2022-07-26 05:09:41.400	-33.2	后续第5次回击	116号	128	40
18	2022-07-26 05:09:41.506	-14.7	后续第6次回击	117号	663	16
19	2022-07-26 05:09:41.738	-10.9	主放电(含1次后续回...	116号	567	8
20	2022-07-26 05:09:41.804	-17.2	后续第1次回击	116号	484	19

共查询到20条记录　10条/页　‹ 1 2　前往 2 页

（b）

图 3-45　某 500kV 交流输电线路故障时段雷电监测系统查询结果（2022 年 7 月 26 日 5 时）（二）

（b）故障时段故障点附近雷电

（2）故障录波监测结果。故障录波波形如图 3-46 所示。通过站内故障录波分析，故障时刻为 2022 年 7 月 26 日 5 时 9 分 41 秒 805 毫秒，与序号 20 的落雷时间（5 时 9 分 41 秒 804 毫秒）十分吻合，故障相别为 B 相，短路类型为单相（B 相）接地，重合成功。

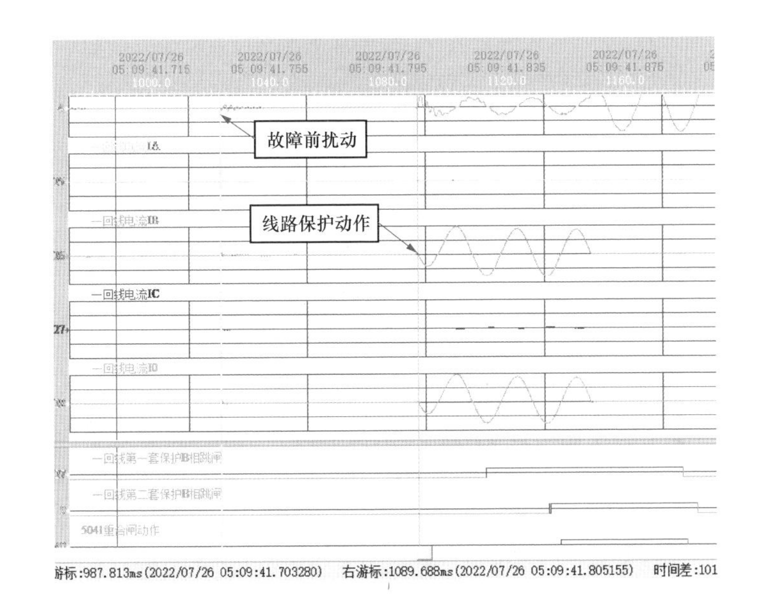

图 3-46　某 500kV 交流输电线路故障录波波形图（2022 年 7 月 26 日 5 时）

从故障录波还可以发现，B 相电流、零序电流、零序电压在故障前出现多次扰动，且和雷电监测系统查得落雷时间十分吻合，电压电流扰动与落雷对应关系如表 3-8 所示，可初步判断线路在发生故障前已遭受多次雷击。

表 3-8　　电压、电流扰动与落雷对应关系

序号	扰动时间	落雷序号	落雷时间	落雷定位杆塔	雷电流幅值（kA）
1	05:09:40.697	8	05:09:40.697	116 号	−32.5
2	05:09:40.917	11	05:09:40.917	114 号	−10
3	05:09:41.244	12	05:09:41.244	116 号	−32.7
4	05:09:41.400	13	05:09:41.400	116 号	−33.2
5	05:09:41.506	14	05:09:41.506	117 号	−14.7
6	05:09:41.738	15	05:09:41.738	116 号	−10.9
7	05:09:41.805（故障）	16	05:09:41.804	116 号	−17.2

（3）现场巡视。经现场巡视，发现 115 号杆塔 B 相（左边相）避雷器脱落，配套绝缘子断裂，其中避雷器三节本体元件掉落地面。登杆检查发现杆塔左侧多处拉花变形受损，避雷器计数器破损，导线端绝缘子悬挂在导线上。避雷器附近导线内侧、绝缘子均压环、避雷器主件、杆塔端 K 节点有明显放电痕迹，避雷器主件端头有放电爆开痕迹，确认 115 号杆塔为故障塔。115 号杆塔放电痕迹及通道环境如图 3-47～图 3-52 所示。

图 3-47　115 号杆塔 B 相导线、均压环放电痕迹

图 3-48　115 号杆塔塔材放电痕迹

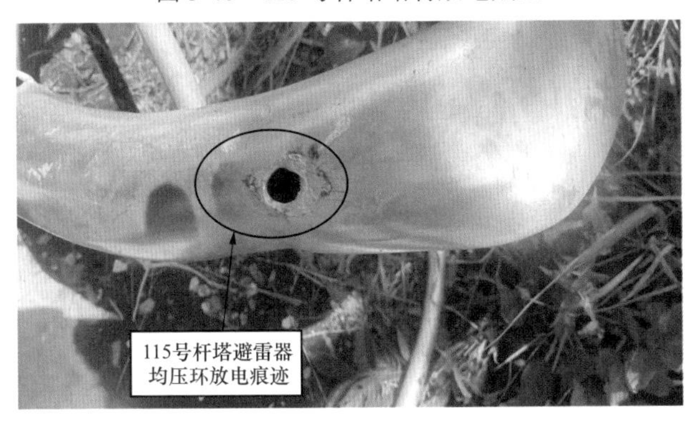

图 3-49　115 号杆塔避雷器均压环放电痕迹

图 3-50　115 号杆塔避雷器端部放电痕迹

图 3-51　115 号杆塔全图

115号杆塔大号侧通道

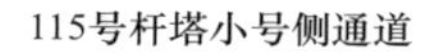

图 3-52　115 号杆塔大小号侧通道

现场实测避雷器配套绝缘子两端均压环之间距离为 1.65m，根据放电痕迹，判断放电通道为沿避雷器组件最短路径击穿空气间隙发生闪络，如图 3-53 所示。经现场开展接地电阻检测工作，测得 115 号杆塔接地电阻为 6.5Ω（设计电阻为 25Ω），满足设计要求。

（4）仿真分析。在 ATP/EMTP 仿真程序中，根据故障塔型结构、绝缘子型号建立雷击模型，雷电流设为负极性，计算得到 115 号杆塔 B 相（左边相）绕击耐雷水平为 15.3kA，通过 EGM 计算得到最大绕击电流为 56.9kA，仿真算得反击耐雷水平为 187.1kA。结合故障录波及巡视情况综合分析，判定此次故障跳闸为雷电绕击，且可能遭受多重雷击，而雷电监测结果显示，序号 20 的雷电（雷电流幅值－17.2kA）引起的此次跳闸。

图 3-53　115 号杆塔 B 相（左边相）故障放电通道示意图

3. 分析结论

综上所述，此次故障为雷电绕击所致，跳闸过程为：故障前B相导线遭受多重雷击导致避雷器失效，序号20的雷电绕击B相（左边相）导线，雷电流击穿避雷器后，工频续流通过避雷器，避雷器未能切断工频续流，导致B相单相接地短路故障，保护动作使断路器B相跳闸；随后避雷器端部金具炸裂断开，电弧熄灭，后续重合闸动作并成功。

3.2.6 雷电反击导致单相接地故障

1. 故障简况

2020年7月4日8时20分，华东地区某500kV交流输电线路A相（右边相）跳闸，测距距离小号侧变电站53.15km、距离大号侧变电站19.63km，故障区段为104～114号杆塔，重合成功。

2. 原因分析

（1）雷电监测结果。经查询雷电监测系统，故障时段前后1min内、线路半径5km内范围内有5个落雷，在99～109号杆塔段。线路故障时段雷电监测系统查询结果如图3-54所示。

（2）分布式行波监测结果。经分布式行波监测系统诊断，2020年7月4日8时20分27秒646毫秒，某500kV交流输电线路发生雷击跳闸，故障相为A相，位置在69号和163号杆塔之间，距离163号杆塔小号方向侧21.34km，故障点在98号杆塔附近。69号杆塔A相故障暂态行波波形图如图3-55所示，根据A相故障行波分析，波形幅值较大，且故障主波前存在明显反击性脉冲，符合雷电反击波形特征。

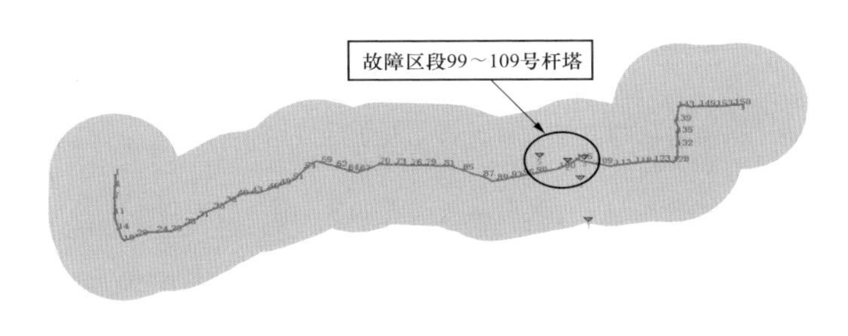

（a）

图3-54 某500kV交流输电线路故障时段雷电监测系统查询结果（2020年7月4日8时）（一）

（a）故障时段全线雷电分布

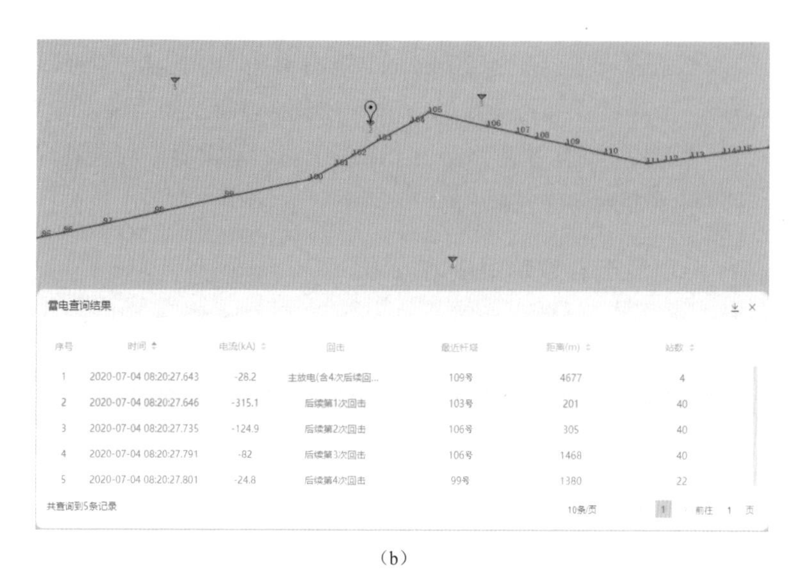

雷电查询结果

序号	时间	电流(kA)	回击	最近杆塔	距离(m)	站数
1	2020-07-04 08:20:27.643	-28.2	主放电(含4次后续回...	109号	4677	4
2	2020-07-04 08:20:27.646	-315.1	后续第1次回击	103号	201	40
3	2020-07-04 08:20:27.735	-124.9	后续第2次回击	106号	305	40
4	2020-07-04 08:20:27.791	-82	后续第3次回击	106号	1468	40
5	2020-07-04 08:20:27.801	-24.8	后续第4次回击	99号	1380	22

共查询到5条记录　10条/页　1　前往 1 页

（b）

图 3-54　某 500kV 交流输电线路故障时段雷电监测系统查询结果（2020 年 7 月 4 日 8 时）（二）

（b）故障时段故障点附近雷电

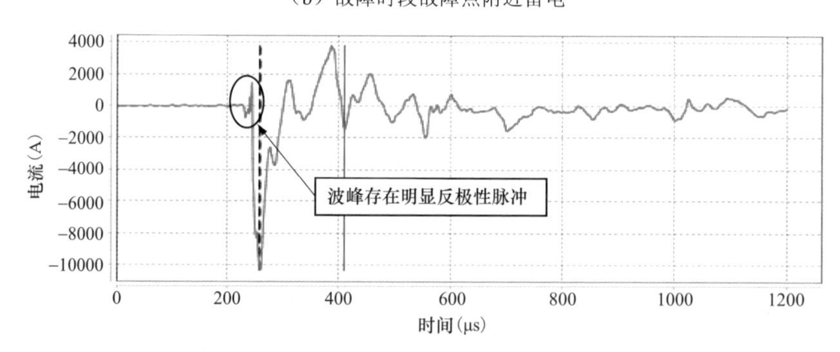

图 3-55　69 号杆塔 A 相故障暂态行波波形图（2020 年 7 月 4 日 8 时）

（3）现场巡视。经现场巡视，发现 100 号杆塔 A 相（右边相）大号侧玻璃绝缘子串发生雷击闪络，现场导线侧均压环和绝缘子上有明显放电痕迹，确认 100 号杆塔为故障塔。100 号杆塔故障痕迹及通道环境如图 3-56、图 3-57 所示。经现场检查确认，导线、绝缘子、均压环、金具等情况较好，不影响线路正常运行；现场接地电阻测量值为 14.44Ω，满足要求设计要求（25Ω）。

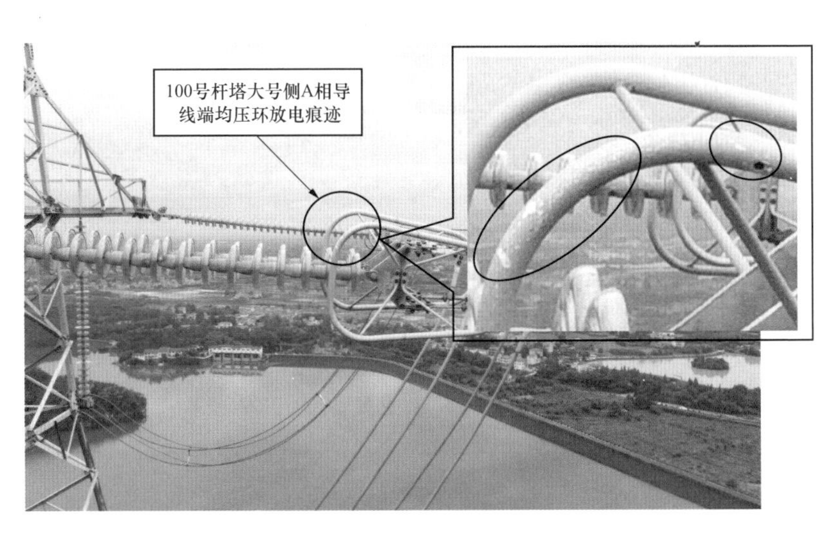

图 3-56 100 号杆塔大号侧 A 相导线端均压环放电痕迹

图 3-57 100 号杆塔大号侧 A 相绝缘子放电痕迹

（4）仿真分析。在 ATP/EMTP 仿真程序中，根据故障塔型结构、绝缘子型号建立雷击模型，雷电流设为负极性，计算得到 100 号杆塔绕击耐雷水平为 17.1kA，最大绕击电流为 86kA，单相反击耐雷水平为 169kA，两相反击耐雷水平为 338kA。序号 2 的雷电流幅值（－315.1kA）满足 100 号杆塔 A 相（右边相）反击闪络条件。

3. 分析结论

综上所述，此次故障为雷电反击所致，跳闸过程为：序号 2 的雷电击中 100 号杆塔后，超过 A 相（右边相）反击耐雷水平，过电压产生的雷电冲击电弧转化为工频电弧，电弧烧伤绝缘子、导线均压环，在 A 相导线与横担挂点间形成放电通道，导致 A 相单相接地短路故障，保护动作使断路器 A 相跳闸，后续重合闸动作并成功。

3.2.7 雷电反击导致多相接地故障

1. 故障简况

2017 年 4 月 13 日 11 时 9 分，华北地区某 500kV 交流输电线路 A、C 相（右、左边相）跳闸，测距距离大号侧变电站 27.3km，故障区段为 353～360 号杆塔，重合不成功，14 时 15 分试送成功。

2. 原因分析

（1）雷电监测结果。经查询雷电监测系统，故障时段前后 3min、线路半径 5km 范围内有 4 个落雷，为 354～357 号杆塔段。线路故障时段雷电监测系统查询结果如图 3-58 所示。

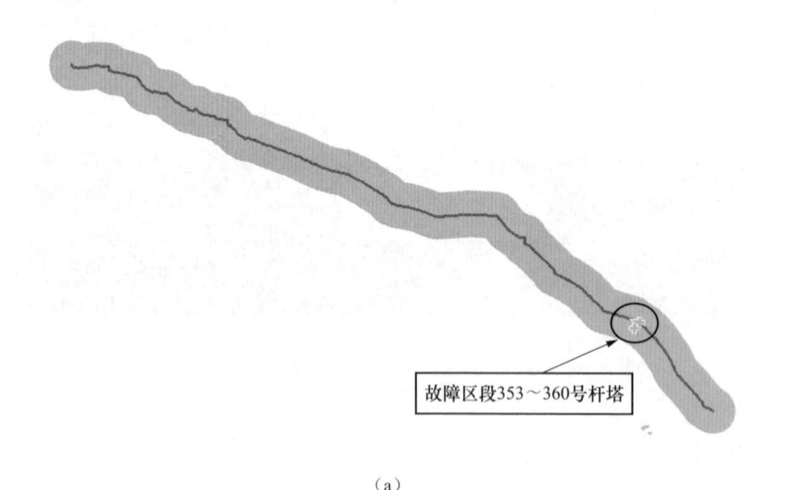

（a）

图 3-58 某 500kV 交流输电线路故障时段雷电监测系统查询结果（2017 年 4 月 13 日 11 时）（一）

（a）故障时段全线雷电分布

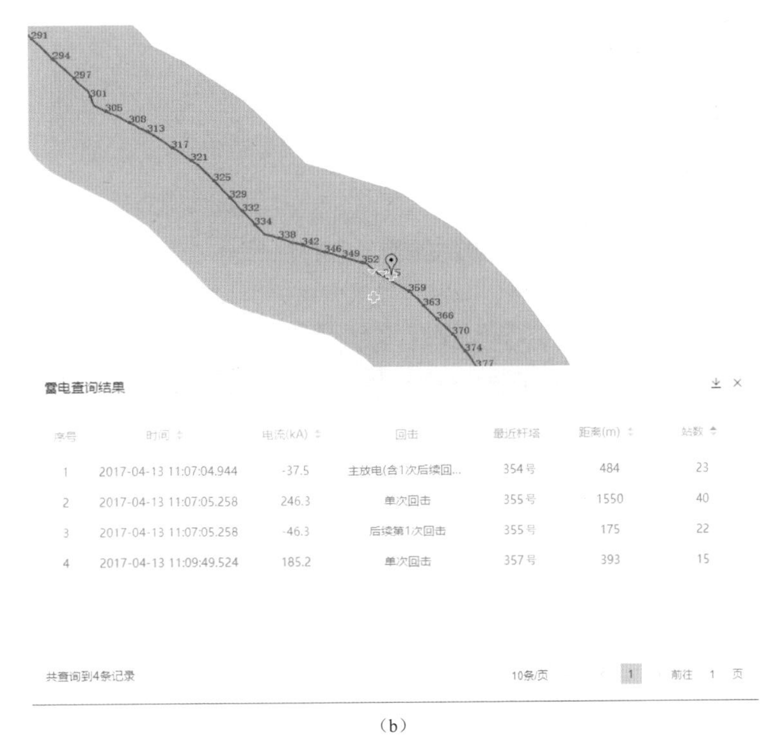

序号	时间	电流(kA)	回击	最近杆塔	距离(m)	站数
1	2017-04-13 11:07:04.944	-37.5	主放电(含1次后续回...	354号	484	23
2	2017-04-13 11:07:05.258	246.3	单次回击	355号	1550	40
3	2017-04-13 11:07:05.258	-46.3	后续第1次回击	355号	175	22
4	2017-04-13 11:09:49.524	185.2	单次回击	357号	393	15

共查询到4条记录　10条/页　1　前往 1 页

（b）

图 3-58　某 500kV 交流输电线路故障时段雷电监测系统查询结果（2017 年 4 月 13 日 11 时）（二）

（b）故障时段故障点附近雷电

（2）现场巡视。经现场巡视，发现在 356 号杆塔 A 相（右边相）大号侧线夹出口 2m 处、C 相（左边相）大号侧线夹出口 3m 处和对应塔窗连接金具上有明显放电痕迹，确认 356 号杆塔为故障塔，356 号杆塔故障痕迹及通道环境如图 3-59～图 3-64 所示。该杆塔位于山顶，海拔 2172m，故障段 355～357 号杆塔处于连续下山地形，附近其他段杆塔未发现其他故障疑似点。

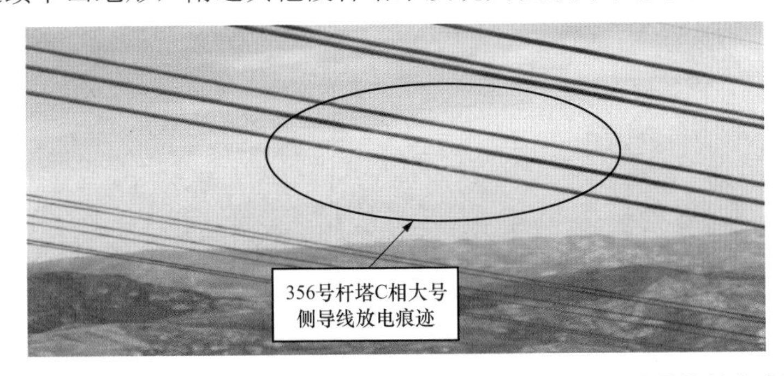

图 3-59　356 号杆塔 C 相（左边相）大号侧线夹出口 3m 处导线放电痕迹

图 3-60　356 号杆塔 A 相（右边相）大号侧线夹出口 2m 处导线放电痕迹

图 3-61　356 号杆塔连接金具调整板、均压环放电痕迹

图 3-62　356 号杆塔放电通道示意图

图 3-63　356 号杆塔小号侧地形地貌

图 3-64　356 号杆塔大号侧地形地貌

（3）仿真分析。在 ATP/EMTP 仿真程序中，根据故障塔型结构、绝缘子型号建立雷击模型，雷电流设为负极性，计算得到 356 号杆塔绕击耐雷水平为 24.73kA，反击耐雷水平为 118kA。序号 4 的雷电流幅值（185.0kA）满足 356 号杆塔反击闪络条件。

紧凑型线路塔窗内间隙距离为 4m（对上横担距离 3.9m，对曲臂距离 4m），常规线路间隙一般 5m 以上，塔窗间隙较常规型线路小，更易遭受雷击而跳闸。紧凑型线路绝缘子串长 4.6m，考虑均压环绝缘子干弧距离约 4.4m，大于上相导线对中相绝缘子串均压环、调整板净空距离，在承受相同雷电过电压的情况下，A、C 相导线先对中相导线杆塔侧挂点金具放电，与发现故障点一致。

3. 分析结论

综上所述，此次故障为雷电反击所致，跳闸过程为：序号 4 的雷电直击 356 号杆塔顶，超过其反击耐雷水平，塔窗内杆塔端连接金具调整版板、均压环分别对 A、C 导线剩余空气间隙击穿放电，过电压产生的雷电冲击电弧转化为工频电弧，电弧烧伤 A、C 相导线和塔窗连接金具，导致 A、C 相分别接地短路故障，保护动作使断路器 A、C 相跳闸，重合闸未动作，导致线路三相跳闸，后续试送成功。

3.2.8　雷电反击导致多回同跳故障

1. 故障简况

2019 年 5 月 26 日 6 时 25 分，华北地区某 500kV 交流输电线路一线 A、C 相、二线 B、C 相发生跳闸，测距距离发电厂侧 97.4km、距离大号侧变电站 70.22km，故障区段为 197～198 号杆塔，重合闸未动作。

2. 原因分析

（1）雷电监测结果。经查询雷电监测系统，故障时间前后 1min、半径 5km 范围内共有 4 个落雷，在 203～208 号杆塔段。其中序号 3 的雷电，定位 208 号杆塔附近，最近距离仅 150m，与故障情况十分吻合。线路故障时段雷电监测系统查询结果如图 3-65 所示。

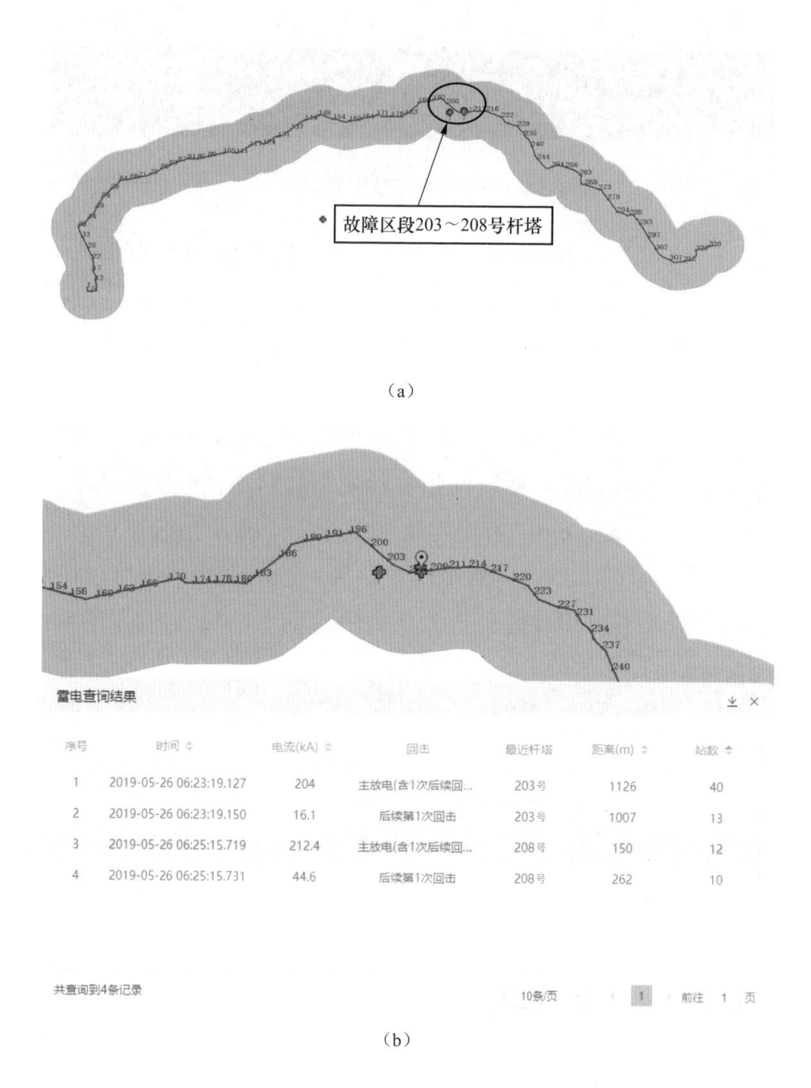

序号	时间	电流(kA)	回击	最近杆塔	距离(m)	站数
1	2019-05-26 06:23:19.127	204	主放电(含1次后续回...	203号	1126	40
2	2019-05-26 06:23:19.150	16.1	后续第1次回击	203号	1007	13
3	2019-05-26 06:25:15.719	212.4	主放电(含1次后续回...	208号	150	12
4	2019-05-26 06:25:15.731	44.6	后续第1次回击	208号	262	10

图 3-65　某 500kV 交流输电线路故障时段雷电监测系统查询结果（2019 年 5 月 26 日 6 时）
（a）故障时段全线雷电分布；（b）故障时段故障点附近雷电

（2）故障录波监测结果。通过站内故障录波分析，一线 A、C 相和二线 B、C 相故障为同一时刻发生。大号侧站内电压录波，一、二线故障前后电压幅值变化不剧烈，故障前电压为标准三相对称正弦波，且存在轻度的三相不平衡，三相基本为对称正序电压。大号侧站内电流录波，单条线路三相电流向量和不为零，均存在较大零序，但双线零序量几乎相反，双线三相基本对称，故障电压和电流均符合两相短路接地故障特点。故障时刻故障录波图形如图 3-66、图 3-67 所示。

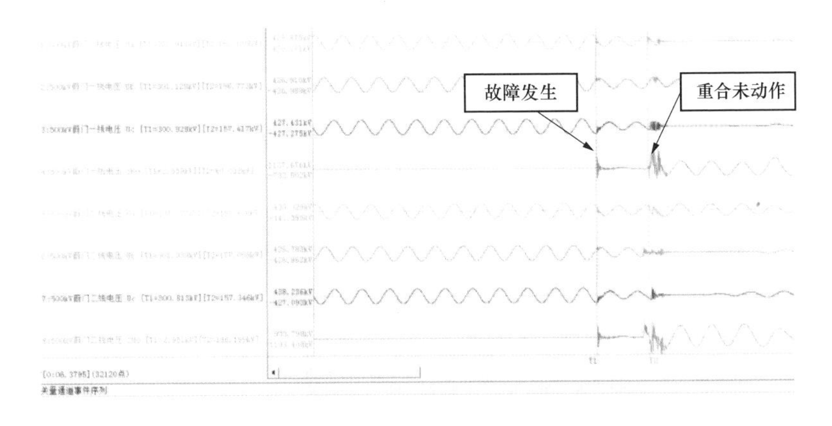

图 3-66　某 500kV 交流输电线路故障录波电压变化图（2019 年 5 月 26 日 6 时）

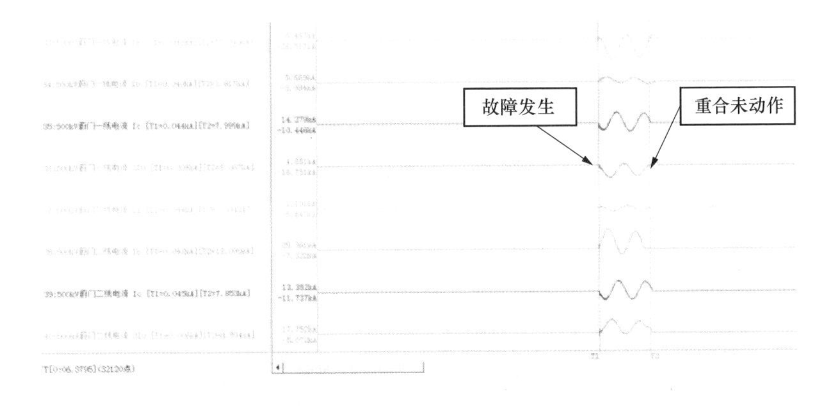

图 3-67　某 500kV 交流输电线路故障录波电流变化图（2019 年 5 月 26 日 6 时）

（3）现场巡视。经现场巡视，在 208 号杆塔发现故障点，具体情况为：一线 208 号杆塔 A 相双绝缘子串断裂，导线掉落至地面，大小号侧塔端第 1 片绝缘子、绝缘子串钢帽及对应的导线端均压环有放电痕迹；C 相小号侧塔端第 1

片绝缘子及对应的导线端均压环有放电痕迹。二线208号杆塔C相小号侧复合绝缘子塔端均压环及对应的导线端均压环有放电痕迹；B相大号侧复合绝缘子塔端均压环及对应的导线端均压环有放电痕迹，208号杆塔故障及通道环境如图3-68～图3-81所示。该杆塔为同杆并架，位于山区，海拔1500m，地线保护角为负保护角。

故障区段208号杆塔接地形式为逐塔接地，208号杆塔设计电阻值15Ω，故障查线当日所测接地电阻值分别为A腿4.7Ω、B腿5Ω、C腿10Ω、D腿9.4Ω，符合设计要求。

图3-68　一线208号杆塔A相塔端大小号侧绝缘子串断裂

图3-69　一线208号杆塔A相导线掉落至地面的绝缘子及金具

图 3-70 一线 208 号杆塔 A 相断裂脱落绝缘子串钢帽放电痕迹

图 3-71 一线 208 号杆塔 A 相绝缘子串导线端均压环放电痕迹

图 3-72 一线 208 号杆塔 A 相绝缘子串塔端第 2、3、4 片绝缘子放电痕迹

图 3-73　一线 208 号杆塔 C 相导线端均压环放电痕迹

图 3-74　一线 208 号杆塔 C 相小号侧绝缘子串塔端第 1 片绝缘子放电痕迹

图 3-75　二线 208 号杆塔 C 相绝缘子串导线端均压环放电痕迹

图 3-76 二线 208 号杆塔 C 相大号侧绝缘子塔端均压环放电痕迹

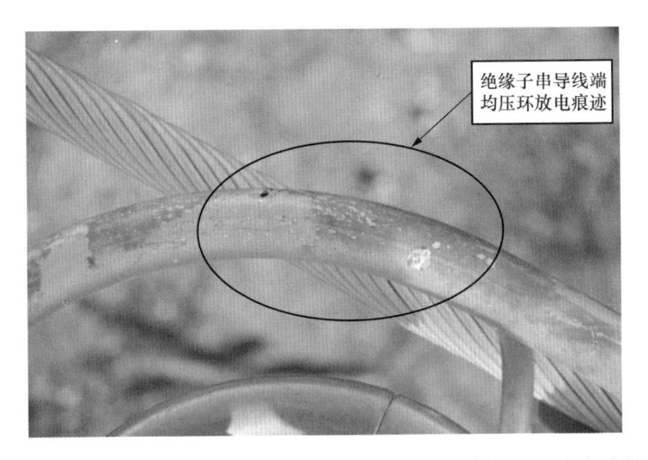

图 3-77 二线 208 号杆塔 B 相绝缘子串导线端均压环放电痕迹

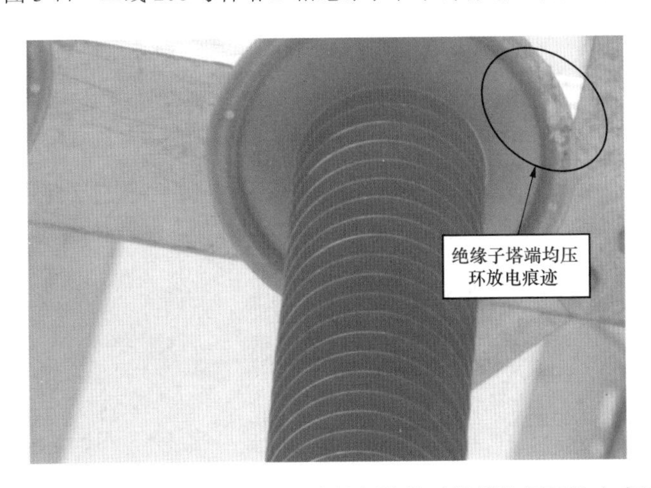

图 3-78 二线 208 号杆塔 B 相大号侧绝缘子塔端均压环放电痕迹

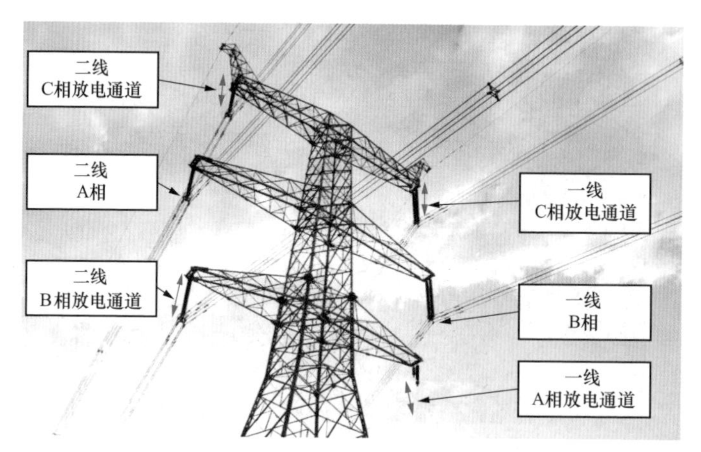

图 3-79　208 号杆塔头相序及放电通道

图 3-80　208 号杆塔大号侧通道

图 3-81　208 号杆塔小号侧通道

（4）仿真分析。在ATP/EMTP仿真程序中，根据故障塔型结构、绝缘子型号建立雷击模型，计算得到一线208号杆塔A相的反击耐雷水平为122.5kA，B相的反击耐雷水平为150.0kA，C相的反击耐雷水平为133.0kA。雷电监测结果中序号3的雷电（雷电流幅值212.4kA）满足反击闪络条件。

3. 分析结论

综上所述，此次故障为雷电反击所致，故障过程为：序号3的雷电直击大高差、大档距的208杆塔，超过其反击耐雷水平，导致一线A、C相和二线B、C相导线发生接地短路故障，保护动作使断路器跳闸，重合闸未动作，导致线路双回跳闸。一线208号杆塔A相双串绝缘子均存在零值绝缘子，在雷电反击闪络时，故障电流流过零值绝缘子导致绝缘子炸裂，发生绝缘子串断裂，造成A相导线落地，导致线路停运。

3.3 330kV交流输电线路

3.3.1 雷电绕击导致单相接地故障

1. 故障简况

2016年9月20日19时58分，西北地区某330kV交流输电线路C相跳闸，故障测距估算故障区段为101～105号杆塔，重合成功。

2. 原因分析

（1）雷电监测结果。经查询雷电监测系统，故障跳闸时前后1min、半径5km范围区共有15个落雷，在93～118号杆塔区段。其中序号9的雷电，定位103号杆塔附近，最近距离仅288m，与故障情况吻合。线路故障时段雷电监测系统查询结果及详情如表3-9和图3-82所示。

表3-9 某330kV交流输电线路故障时段雷电监测系统查询详情（2016年9月20日19时）

序号	时间	电流（kA）	回击	定位站数	距离（m）	最近杆塔
1	2016-09-20 19:56:11.781	−23.1	后续第1次回击	9	4358	118号
2	2016-09-20 19:56:11.853	−19.4	后续第2次回击	4	4996	118号
3	2016-09-20 19:56:11.994	−37.3	后续第3次回击	16	4285	118号
4	2016-09-20 19:56:14.259	−23.4	单次回击	6	2878	99号
5	2016-09-20 19:57:03.826	−24.5	单次回击	9	2784	118号

续表

序号	时间	电流（kA）	回击	定位站数	距离（m）	最近杆塔
6	2016-09-20 19:57:39.687	−29.4	单次回击	6	3051	112 号
7	2016-09-20 19:58:06.090	−18.7	单次回击	5	510	100 号
8	2016-09-20 19:58:16.452	−21.5	单次回击	6	4822	117 号
9	2016-09-20 19:58:35.852	−25.4	主放电（含 7 次后续回击）	9	288	103 号
10	2016-09-20 19:58:42.291	−29.1	后续第 2 次回击	7	3556	95 号
11	2016-09-20 19:58:42.299	−18.1	后续第 3 次回击	5	2616	93 号
12	2016-09-20 19:58:42.392	−18.9	后续第 6 次回击	6	2808	93 号
13	2016-09-20 19:58:42.437	−17.9	后续第 7 次回击	5	3131	95 号
14	2016-09-20 19:59:21.813	−27.4	单次回击	10	1893	94 号
15	2016-09-20 19:59:37.203	−27.1	单次回击	9	1180	99 号

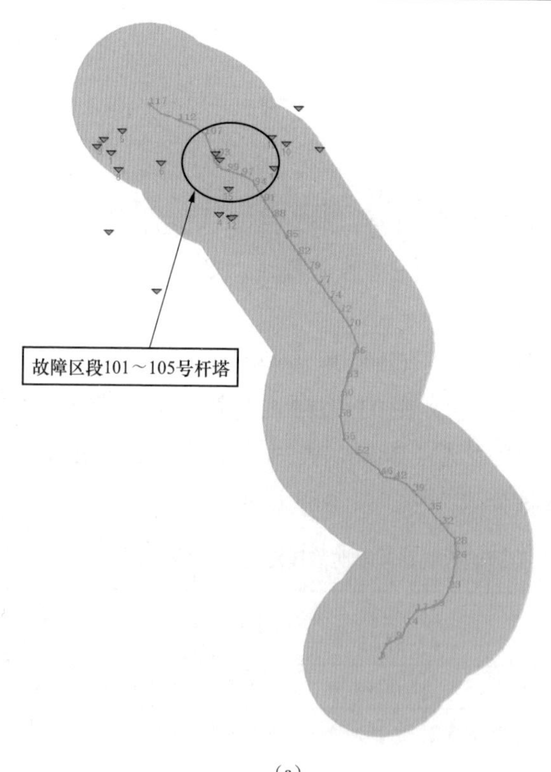

（a）

图 3-82　某 330kV 交流输电线路故障时段雷电监测系统查询结果（2016 年 9 月 20 日 19 时）（一）

（a）故障时段全线雷电分布

雷电查询结果

序号	时间	电流(kA)	回击	最近杆塔	距离(m)	站数
5	2016-09-20 19:57:03.826	-24.5	单次回击	118号	2784	9
6	2016-09-20 19:57:39.687	-29.4	单次回击	112号	3051	6
7	2016-09-20 19:58:06.090	-18.7	单次回击	100号	510	5
8	2016-09-20 19:58:16.452	-21.5	单次回击	117号	4822	6
9	2016-09-20 19:58:35.852	-25.4	主放电(含7次后续回...	103号	288	9
10	2016-09-20 19:58:42.291	-29.1	后续第2次回击	95号	3556	7

共查询到15条记录　10条/页　1 2 > 前往 1 页

（b）

图 3-82　某 330kV 交流输电线路故障时段雷电监测系统查询结果（2016 年 9 月 20 日 19 时）（二）

（b）故障时段故障点附近雷电

（2）现场巡视。经现场巡视，发现 103 号杆塔 C 相（同塔双回中相）大号侧导线防振锤、导线，下相横担防鸟针板钢针，光缆连接金具上有明显的放电痕迹，确认 103 号杆塔为故障塔，该杆塔处于山坡顶，现场环境空旷，海拔 3000m 左右。103 号杆塔故障痕迹及通道环境如图 3-83～图 3-86 所示。

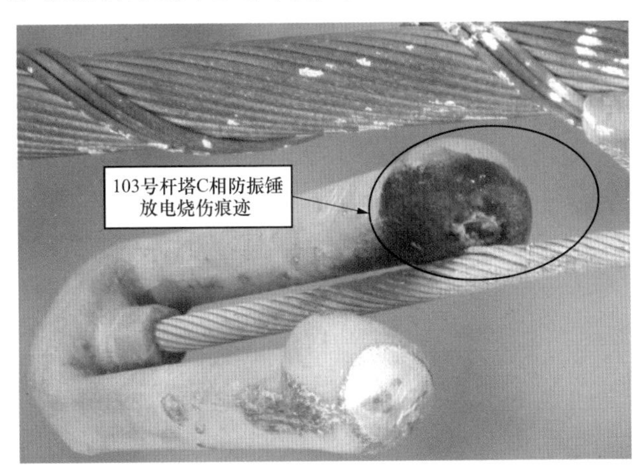

图 3-83　103 号杆塔 C 相（同塔双回中相）导线放电烧伤痕迹

现场实测 103 号杆塔中相导线线夹对横担下沿的距离为 4.072m，中相横担下沿对下相导线横担上沿的垂直距离为 8.2m，放电点防振锤距离下相防鸟针板

图 3-84　103 号杆塔下相防鸟针板钢针电蚀烧伤痕迹

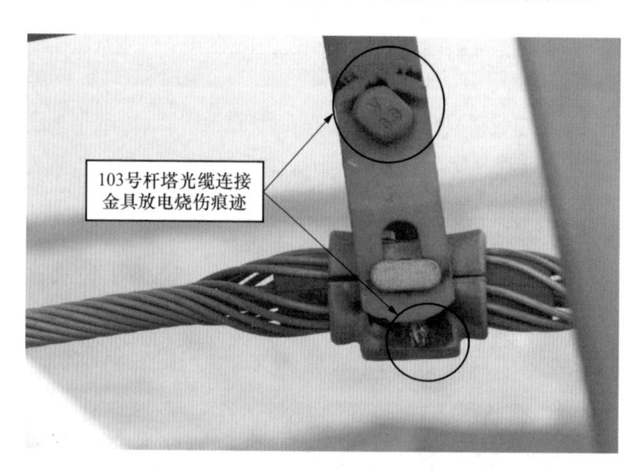

图 3-85　103 号杆塔光缆连接金具放电烧伤痕迹

图 3-86　103 号杆塔地形

钢针尖 3.848m。根据放电痕迹，判断放电通道为中相导线线夹至下相防鸟针，如图 3-87 所示。

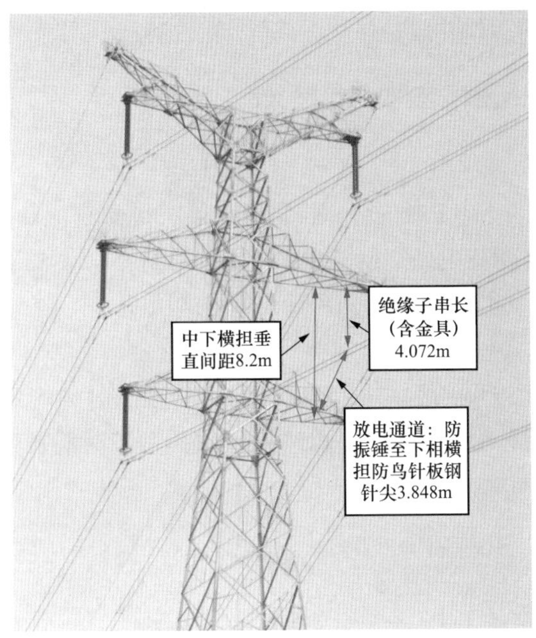

图 3-87　103 号杆塔塔头各间隙距离

对 103 号杆塔及前后两基塔位进行接地网测量，数据均合格，故障杆塔及邻近塔位接地电阻测量结果见表 3-10。

表 3-10　103 号故障杆塔及邻近塔位接地电阻测量情况

杆塔编号	设计值（Ω）	接地电阻实测值（Ω）				检查结果
		A 腿	B 腿	C 腿	D 腿	
101	15	5	2.0	14	5.9	合格
102	15	6.37	4.85	6.19	4.5	合格
103	15	3.68	9	3.6	8	合格
104	15	2.68	7.8	2.74	10.7	合格
105	15	4.71	6.5	4.76	11.5	合格

3. 分析结论

综上所述，此次故障是雷电绕击所致，跳闸过程为：序号 9 的雷电（雷电流幅值－25.4kA）绕击 C 相（中相）导线，超过其绕击耐雷水平，造成防振锤对下相防鸟针板钢针放电，过电压产生的雷电冲击电弧转化为工频电弧，电弧烧伤大号侧导线防振锤、导线及下相横担防鸟针板钢针，放电电流继续沿塔身传播至塔脚、架空地线，导致C相单相接地短路故障，保护动作使断路器C相跳闸，后续重合闸动作并成功。

3.3.2 雷电反击导致多相接地故障

1. 故障简况

2021年10月9日17时5分，西北地区某330kV交流输电线路A、B相跳闸，测距距离小号侧变电站269.6km、距离大号侧变电站53.3km，故障区段为586～589号杆塔，重合不成功，18时3分强送成功。

2. 原因分析

（1）雷电监测结果。经雷电监测系统查询，故障时刻前后1min、半径5km范围内有5次落雷，在586～589号杆塔段，线路故障时段雷电监测系统查询结果如图3-88所示。

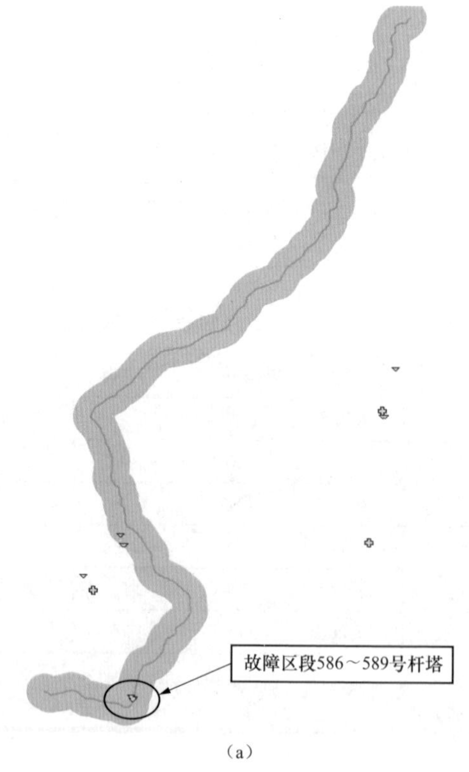

（a）

图3-88　某330kV交流输电线路故障时段雷电监测系统查询结果（2021年10月9日17时）（一）

（a）故障时段全线雷电分布

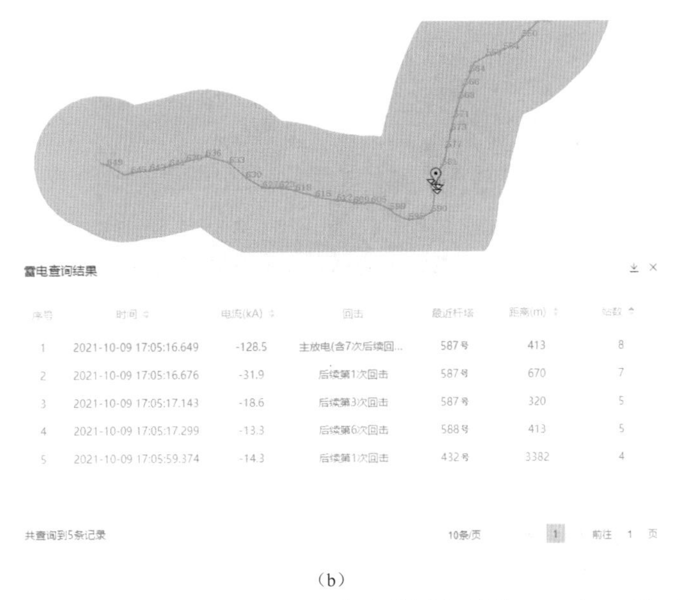

（b）

图 3-88　某 330kV 交流输电线路故障时段雷电监测系统查询结果（2021 年 10 月 9 日 17 时）（二）

（b）故障时段故障点附近雷电

（2）故障录波监测结果。通过站内故障录波分析，故障时刻为 17 时 5 分 16 秒 649 毫秒，时间与序号 1 的雷电吻合，此时开始出现零序电压、零序电流，A、B 相电压幅值同时迅速跌落，C 相电压幅值基本不变，判断为 A、B 两相分别接地故障，重合不成功。

（3）现场巡视。经现场巡视，发现 588 号杆塔 A 相（左边相）、B 相（右边相）横担侧绝缘子伞裙及导线侧均压屏蔽环、左地线放电间隙及挂点金具处有明显的放电烧伤痕迹，确认 588 号杆塔为故障塔，588 号杆塔处于山坡顶，线路为沿坡地形走向，现场环境空旷。588 号杆塔故障痕迹及通道环境如图 3-89～图 3-97 所示。

图 3-89　588 号杆塔 A（左边相）横担侧绝缘子灼伤点

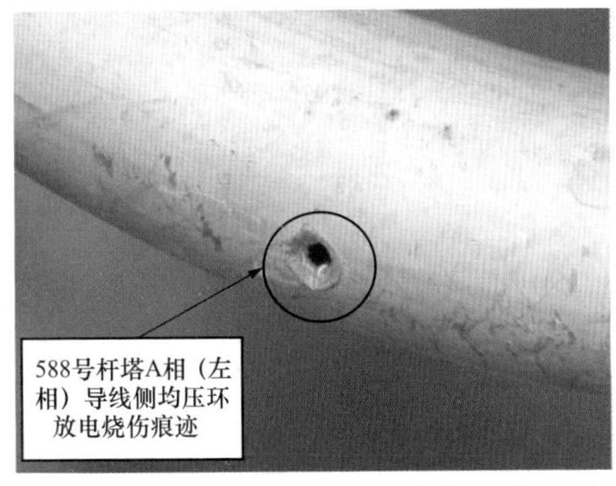

图 3-90　588 号杆塔 A（左边相）导线侧均压屏蔽环灼伤点

图 3-91　588 号杆塔 A（左边相）放电通道

图 3-92　588 号杆塔 B（右边相）横担侧绝缘子灼伤点

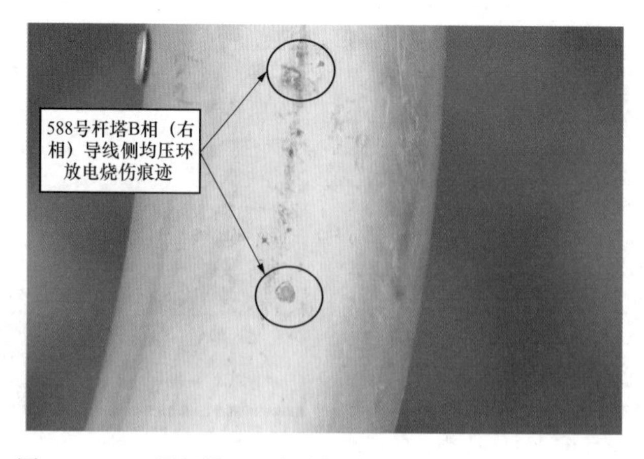

图 3-93　588 号杆塔 B（右边相）导线侧均压屏蔽环灼伤点

图 3-94 588 号杆塔 B（右边相）放电通道

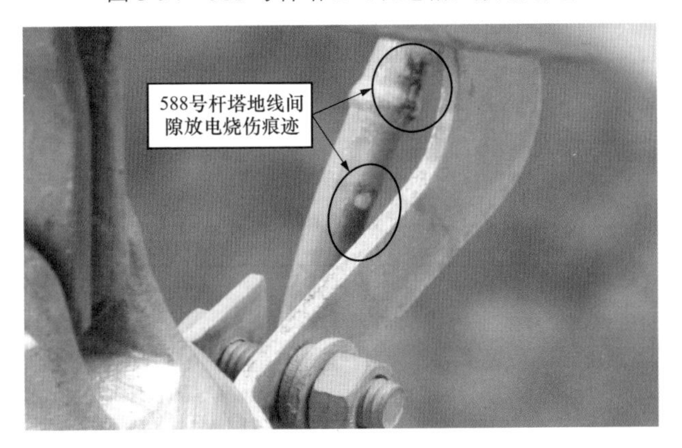

图 3-95 588 号杆塔地线放电间隙灼伤点

图 3-96 588 号杆塔大号侧通道

图 3-97　588 号杆塔小号侧通道

对 588 号故障杆塔及临近塔位接地电阻进行了测量，电阻值满足要求，接地通道良好，具体数据见表 3-11。

表 3-11　　588 号故障杆塔及邻近塔位接地电阻测量情况

杆塔编号	设计值（Ω）	接地电阻实测值（Ω）				检查结果
		A 腿	B 腿	C 腿	D 腿	
586	27	10.8	10.8	10.7	10.7	合格
587	25	11.5	11.5	11.5	11.5	合格
588	27	5.3	5.9	1.6	2.0	合格
589	25	4.5	4.5	4.7	4.85	合格
590	27	10	8	9	9	合格

（4）仿真分析。在 ATP/EMTP 仿真程序中，根据 588 号杆塔型结构、绝缘子型号建立雷击模型，雷电流设为负极性，计算得到当雷电流幅值小于 102.0kA 时，不发生闪络；当雷电流幅值在 102.0kA 至 116.0kA 之间时，B 相闪络，当雷电流幅值在 116.0kA 至 137.0kA 之间时，A、B 两相闪络；当雷电流幅值大于 137.0kA 时，三相均闪络。序号 1 的雷电流幅值（－128.5kA）满足 588 号杆塔 A、B 相反击同跳条件。

3. 分析结论

综上所述，此次故障为雷电反击所致，跳闸过程为：序号 1 的雷电直击 588

号杆塔顶，超过其反击耐雷水平，过电压产生的雷电冲击电弧转化为工频电弧，电弧烧伤 A 相（左边相）、B 相（右边相）横担侧绝缘子伞裙及导线侧均压屏蔽环，在 A、B 相导线与横担挂点间形成放电通道，导致 A、B 相分别接地短路故障，保护动作使断路器 A、B 相跳闸，重合闸不成功，导致线路三相跳闸，后续强送成功。

3.4　±660kV 直流输电线路

1. 故障简况

2015 年 8 月 2 日 8 时 2 分，某±660kV 直流输电线路小号侧换流站极Ⅱ（右线）保护动作，故障测距估算故障区段为 772～776 号杆塔，一次全压再启动成功。

2. 原因分析

（1）雷电监测结果。经查询雷电监测系统，故障时段前后 1min、半径 5km 范围内，线路沿线共有 9 个落雷，序号 1～7 的雷电由主放电及 6 次后续回击组成，发生时间在 8 时 2 分 22 秒至 23 秒，集中在 771～776 号杆塔段，与故障情况十分吻合，线路雷电监测结果及详情如表 3-12 和图 3-98 所示。

表 3-12　某±660kV 直流输电线路故障时刻段雷电监测系统查询详情（2015 年 8 月 2 日 8 时）

序号	时间	电流（kA）	回击	定位站数	距离（m）	最近杆塔
1	2015-08-02 08:02:22.652	−16.4	主放电（含 6 次后续回击）	3	1737	773 号
2	2015-08-02 08:02:22.693	−24.1	后续第 1 次回击	8	3385	771 号
3	2015-08-02 08:02:22.755	−32.9	后续第 2 次回击	8	773	776 号
4	2015-08-02 08:02:22.861	−29.3	后续第 3 次回击	9	4555	771 号
5	2015-08-02 08:02:22.937	−31.5	后续第 4 次回击	15	423	775 号
6	2015-08-02 08:02:23.072	−59	后续第 5 次回击	15	369	775 号
7	2015-08-02 08:02:23.198	−32.1	后续第 6 次回击	18	217	776 号
8	2015-08-02 08:02:38.546	−22.9	单次回击	7	577	814 号
9	2015-08-02 08:02:50.043	−55.5	单次回击	8	1393	784 号

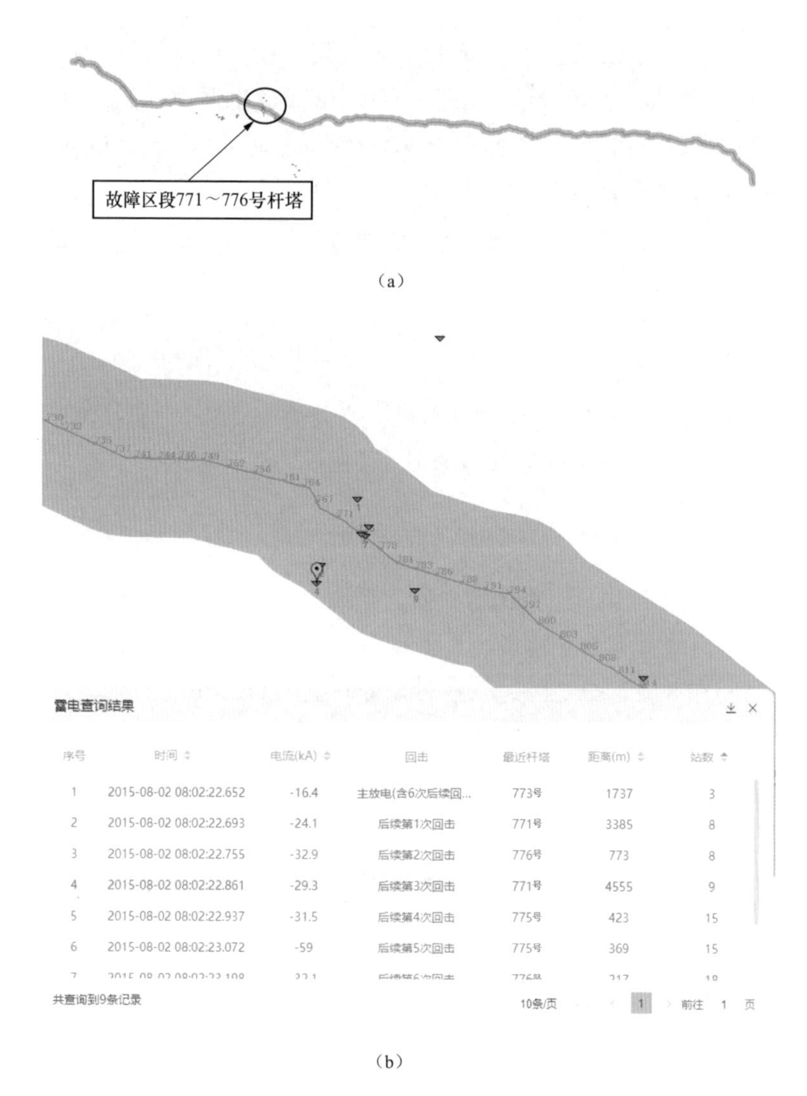

图 3-98　某±660kV 直流输电线路故障时刻段雷电监测系统查询结果（2015 年 8 月 2 日 8 时）

（a）故障时段全线雷电分布；（b）故障时段故障点附近雷电

（2）现场巡视。经现场巡视，发现 771 号杆塔极Ⅱ（右线）复合绝缘子串均压环、导线、防震锤、联板等多处均有放电痕迹，确认 771 号杆塔为故障点，771 号杆塔故障痕迹及通道环境如图 3-99～图 3-105 所示。该杆塔处于半山坡独立山峁子的顶部，海拔 1001m，大号侧档距 527m、小号侧档距 680m，两侧均为山沟，故障区段所经山梁为该地区最高，现场环境空旷。

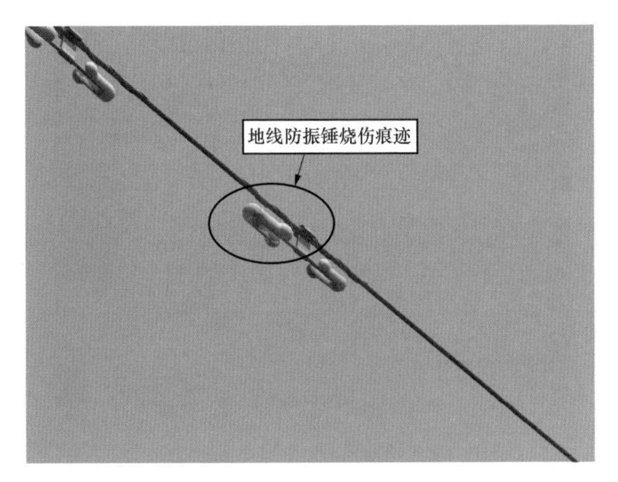

图 3-99 771 号杆塔处地线防震锤放电痕迹

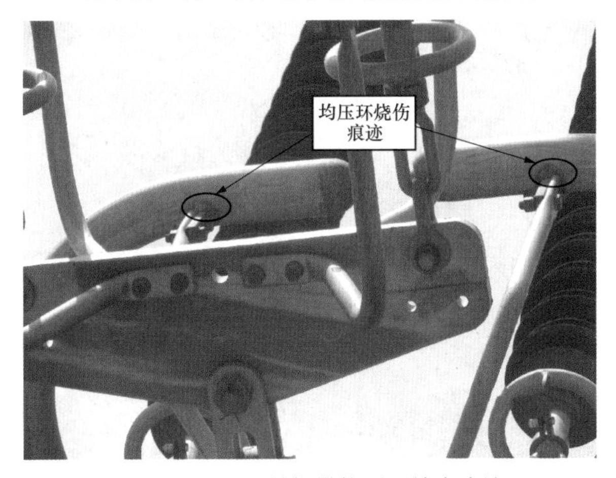

图 3-100 771 号杆塔均压环放电痕迹

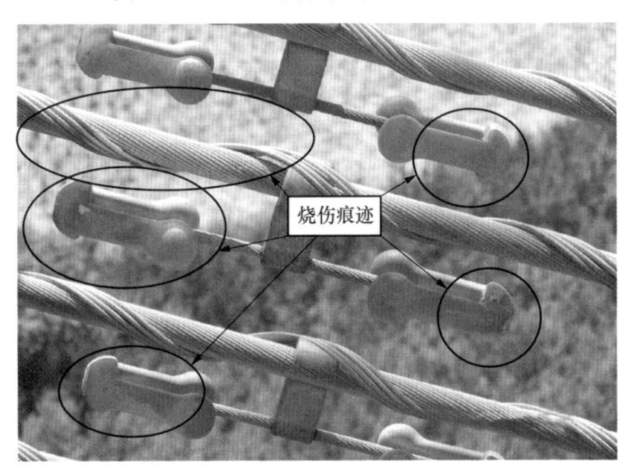

图 3-101 771 号杆塔处导线及防震锤放电痕迹

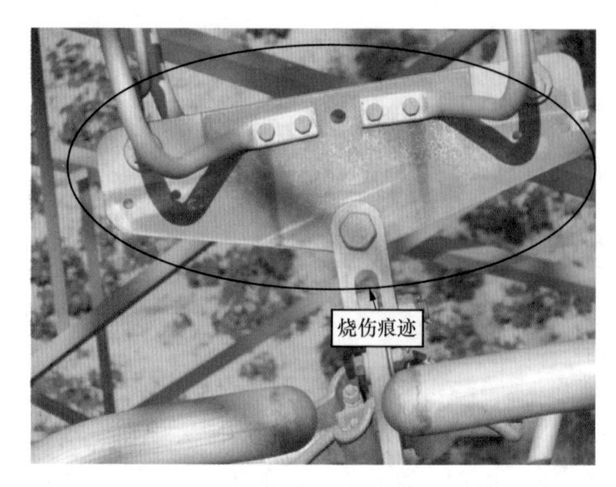

图 3-102　771 号杆塔处联板放电痕迹

图 3-103　771 号杆塔大号侧通道情况

图 3-104　771 号杆塔小号侧通道情况

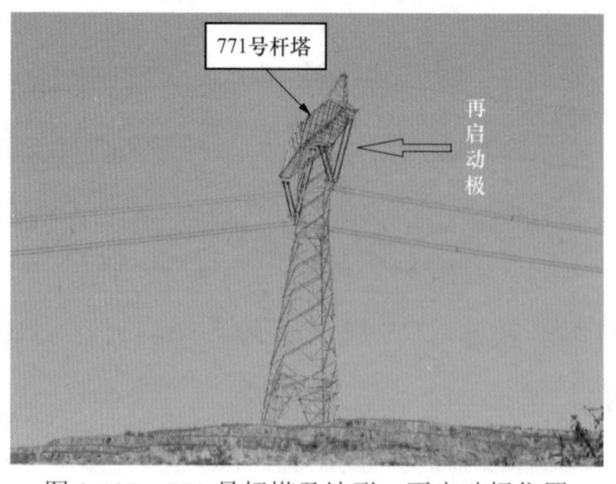

图 3-105　771 号杆塔及地形、再启动极位置

故障后对771号杆塔进行接地测量，实测接地电阻A腿6.8Ω、B腿6.8Ω、C腿7.1Ω、D腿6.8Ω，设计值为20Ω，接地电阻满足设计要求。

（3）仿真分析。在ATP/EMTP仿真程序中，根据故障塔型结构、绝缘子型号建立雷击模型，雷电流设为负极性，算得771号杆塔极Ⅱ（右线）绕击耐雷水平约21.6kA，通过EGM算得最大绕击电流为42.0kA。根据运行经验，通常±660kV直流输电线路杆塔反击耐雷水平一般超过140kA。

所查到的雷电流幅值均远小于反击耐雷水平，序号2～5和序号7的雷电流幅值均满足771号杆塔极Ⅱ（右线）绕击闪络条件，且序号2的雷电定位距离771号杆塔最近。

3. 分析结论

综上所述，此次故障为雷电绕击所致，跳闸过程为：序号2的雷电绕击771号杆塔极Ⅱ导线（右线），超过其绕击耐雷水平，电弧烧伤复合绝缘子串均压环、导线、防震锤、联板，导致极Ⅱ接地短路故障，后续全压再启动成功。

3.5 ±500kV直流输电线路

3.5.1 雷电绕击导致单极接地故障

1. 故障概述

2019年8月7日13时16分，某±500kV直流输电线路极Ⅰ（左线）故障，故障测距估算故障区段为1105～1110号杆塔，全压再启动成功。

2. 原因分析

（1）雷电监测结果。经查询雷电监测系统，故障时段前后1min，半径25km范围内，线路监测共有20个落雷，在1105～1110号杆塔，该线路雷电监测结果及详情如图3-106、表3-13所示。

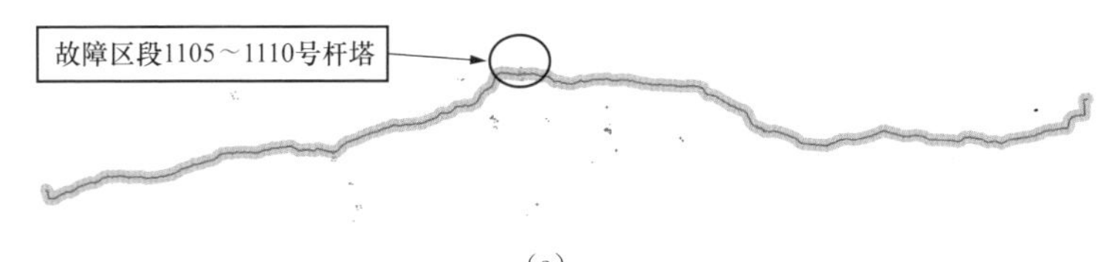

（a）

图3-106 某±500kV直流输电线路故障时段雷电监测系统查询结果（2019年8月7日13时）（一）

（a）故障时段全线雷电分布

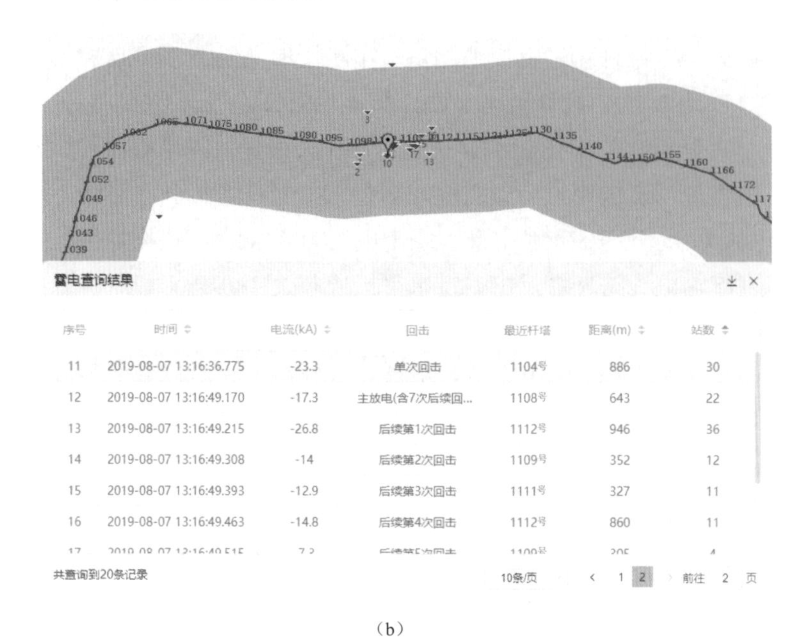

（b）

图 3-106　某±500kV 直流输电线路故障时段雷电监测系统查询结果（2019 年 8 月 7 日 13 时）（二）

（b）故障时段故障点附近雷电

表 3-13　某±500kV 直流输电线路故障时段雷电监测系统查询详情（2019 年 8 月 7 日 13 时）

序号	时间	电流（kA）	回击	定位站数	距离（m）	最近杆塔
1	2019-08-07 13:15:12.867	−40.6	主放电（含 2 次后续回击）	40	773	1099 号
2	2019-08-07 13:15:12.897	−11.9	后续第 1 次回击	14	1367	1099 号
3	2019-08-07 13:15:13.086	−14.7	后续第 2 次回击	13	2094	1101 号
4	2019-08-07 13:16:12.884	−22.3	主放电（含 6 次后续回击）	23	421	1105 号
5	2019-08-07 13:16:12.924	−13.4	后续第 1 次回击	13	396	1105 号
6	2019-08-07 13:16:13.041	−54.6	后续第 2 次回击	40	256	1105 号
7	2019-08-07 13:16:13.092	−9.2	后续第 3 次回击	3	989	1104 号
8	2019-08-07 13:16:13.285	−19.2	后续第 4 次回击	20	185	1105 号
9	2019-08-07 13:16:13.331	−26.7	后续第 5 次回击	34	393	1105 号
10	2019-08-07 13:16:13.426	−19.7	后续第 6 次回击	20	996	1104 号
11	2019-08-07 13:16:36.775	−23.3	单次回击	30	886	1104 号
12	2019-08-07 13:16:49.170	−17.3	主放电（含 7 次后续回击）	22	643	1108 号

续表

序号	时间	电流（kA）	回击	定位站数	距离（m）	最近杆塔
13	2019-08-07 13:16:49.215	−26.8	后续第 1 次回击	36	946	1112 号
14	2019-08-07 13:16:49.308	−14	后续第 2 次回击	12	352	1109 号
15	2019-08-07 13:16:49.393	−12.9	后续第 3 次回击	11	327	1111 号
16	2019-08-07 13:16:49.463	−14.8	后续第 4 次回击	11	860	1112 号
17	2019-08-07 13:16:49.515	−7.3	后续第 5 次回击	4	305	1109 号
18	2019-08-07 13:16:49.555	−11.6	后续第 6 次回击	9	380	1110 号
19	2019-08-07 13:16:49.597	−10.2	后续第 7 次回击	7	430	1109 号
20	2019-08-07 13:16:54.214	−7.6	单次回击	3	1764	667 号

（2）分布式行波监测结果。经分布式行波监测系统诊断，2019 年 8 月 7 日 13 时 16 分 36 秒 775 毫秒，某±500kV 直流输电线路发生雷击故障，全压再启动成功，故障相为极 I（左线），故障点在 1110 号杆塔附近。故障时间、位置与序号 11 的雷电十分吻合。

（3）现场巡视。经现场巡视，发现 1110 号杆塔极 I 大号侧第 4 子导线、均压环处存在明显放电痕迹，确认 1110 号杆塔为故障点，1110 号杆塔痕迹及通道环境如图 3-107～图 3-111 所示。1110 号杆塔处于山区沿坡，极 I 在下坡侧，倾角为 50°，属易遭雷击地形。

图 3-107 1110 号杆塔极 I 导线放电痕迹

图 3-108　1110 号杆塔极Ⅰ均压环上放电痕迹

图 3-109　1110 号杆塔所在地形环境

图 3-110　1110 号杆塔大号侧通道

图 3-111 1110 号杆塔小号侧通道

1110 号杆塔接地型式为 TF20（方框射线＋降阻剂）型式，设计阻值为 25Ω，接地体埋设深度 600mm。2019 年 8 月 8 日实测电阻值为 A 腿 0.81Ω、B 腿 1.05Ω、C 腿 1.71Ω、D 腿 1.78Ω，接地电阻合格，接地引下线与主材连接处检查正常。

3. 分析结论

综上所述，此次故障为雷电绕击所致，故障过程为：序号 11 的雷电（雷电流幅值－23.3kA）绕击 1110 号杆塔极Ⅰ导线（左线），超过其绕击耐雷水平，电弧烧伤均压环、子导线，导致极Ⅰ接地短路故障，后续全压再启动成功。

3.5.2 雷电绕击导致单极多次重启

1. 故障简况

2020 年 7 月 17 日 22 时 13 分，某±500kV 直流输电线路极Ⅰ（左线）故障，故障测距估算故障区段为 906～908 号杆塔，两次全压再启动不成功，一次降压再启动成功。

2. 原因分析

（1）雷电监测结果。经查询雷电监测系统，故障时段前后 30s，半径 5km 范围内有 23 次雷电监测记录，在 893～920 号杆塔段，其中序号 15～18 的 4 次雷电与故障区段基本吻合，由主放电及 3 次后续回击组成，该线路雷电监测结果及详情如图 3-112、表 3-14 所示。

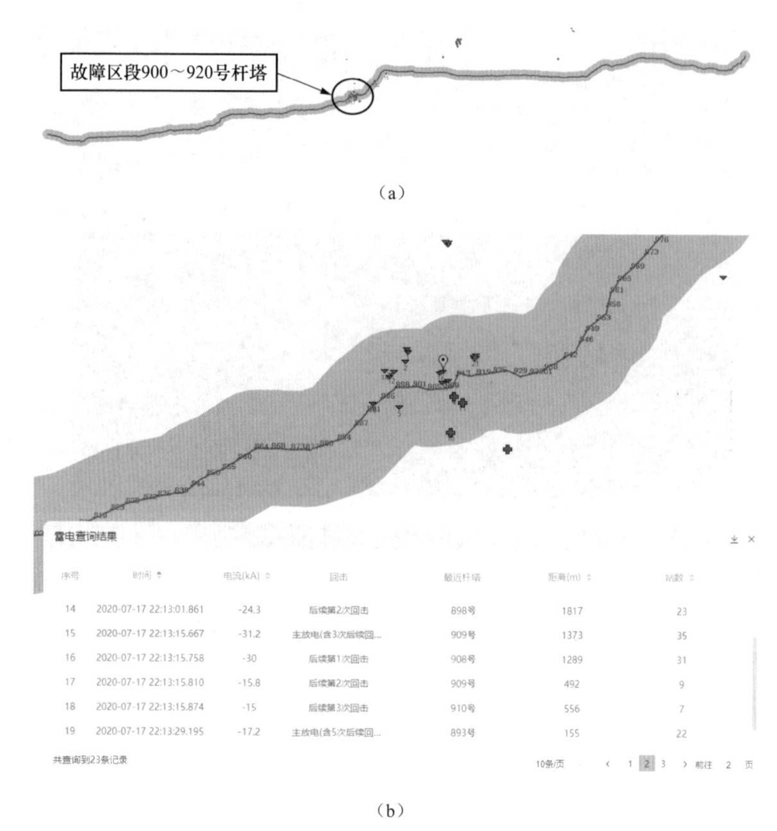

图 3-112　某±500kV 直流输电线路故障时段雷电监测系统查询结果（2020 年 7 月 17 日 22 时）

（a）故障时段全线雷电分布；（b）故障时段故障点附近雷电

表 3-14　某±500kV 直流输电线路故障时段雷电监测系统查询详情（2020 年 7 月 17 日 22 时）

序号	时间	电流（kA）	回击	定位站数	距离（m）	最近杆塔
1	2020-07-17 22:12:33.735	−43.2	主放电（含 1 次后续回击）	40	2952	900 号
2	2020-07-17 22:12:33.763	−16.5	后续第 1 次回击	13	2154	900 号
3	2020-07-17 22:12:33.828	−87.5	主放电（含 1 次后续回击）	40	3232	900 号
4	2020-07-17 22:12:38.673	−21.7	单次回击	17	869	911 号
5	2020-07-17 22:12:48.070	−37.4	单次回击	36	1649	897 号
6	2020-07-17 22:12:50.215	−34.7	单次回击	19	541	983 号

续表

序号	时间	电流（kA）	回击	定位站数	距离（m）	最近杆塔
7	2020-07-17 22:12:51.178	−45.6	主放电（含 2 次后续回击）	40	3793	1025 号
8	2020-07-17 22:12:51.197	−47.5	后续第 1 次回击	40	3876	1024 号
9	2020-07-17 22:12:51.219	−13.5	后续第 2 次回击	15	3494	1028 号
10	2020-07-17 22:12:52.385	16.4	主放电（含 1 次后续回击）	3	3910	910 号
11	2020-07-17 22:12:52.533	13.8	后续第 1 次回击	4	1810	911 号
12	2020-07-17 22:13:01.572	−35.2	主放电（含 3 次后续回击）	40	1314	898 号
13	2020-07-17 22:13:01.730	−13.2	后续第 1 次回击	8	1130	898 号
14	2020-07-17 22:13:01.861	−24.3	后续第 2 次回击	23	1817	898 号
15	2020-07-17 22:13:15.667	−31.2	主放电（含 3 次后续回击）	35	1373	909 号
16	2020-07-17 22:13:15.758	−30	后续第 1 次回击	31	1289	908 号
17	2020-07-17 22:13:15.810	−15.8	后续第 2 次回击	9	492	909 号
18	2020-07-17 22:13:15.874	−15	后续第 3 次回击	7	556	910 号
19	2020-07-17 22:13:29.195	−17.2	主放电（含 5 次后续回击）	22	155	893 号
20	2020-07-17 22:13:29.286	−8.9	后续第 1 次回击	4	1501	919 号
21	2020-07-17 22:13:29.613	−11.4	后续第 3 次回击	5	1309	919 号
22	2020-07-17 22:13:29.665	−12.4	后续第 4 次回击	5	1657	920 号
23	2020-07-17 22:13:29.701	−13.2	后续第 5 次回击	7	1467	919 号

（2）故障录波监测结果。通过站内故障录波分析，2020 年 7 月 17 日 22 时 13 分 15 秒极 I 发生故障后，经历两次全压重启不成功后，降压重启成功，重启过程可能重复遭受雷击，故障录波波形图如图 3-113 所示。具体过程如下：

1）序号 15 的雷电（雷电流幅值−31.2kA）击中极 I 导线，造成极 I 由整流转逆变运行，直流输电线路典型弧道去游离时间为 100～150ms。

2）在第一次雷击后的 91ms 时，系统尚在去游离状态，此时序号 16 的雷电（雷电流幅值−30.0kA）击中导线，造成第一次全压再启动失败，重新进入故障后去游离状态。

3）在第二次雷击后的 52ms 时，系统尚在第二次去游离状态，此时序号的 17 雷电（雷电流幅值−15.8kA）击中导线，引发弧道去游离不充分，造成第二次全压重启失败。

4）根据系统继电保护整定策略，两次全压重启不成功后，进入降压再启动，此后一段时间内导线未再次遭受雷击，降压再启动成功。

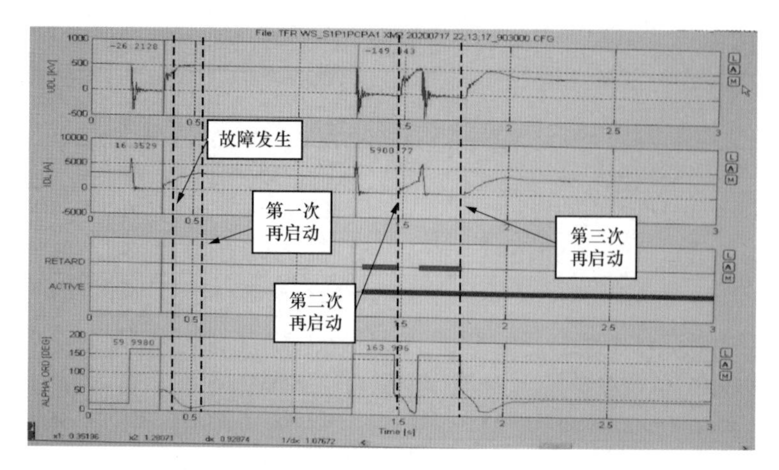

图 3-113　某±500kV 直流输电线路故障录波波形图（2020 年 7 月 17 日 22 时）

（3）分布式行波监测结果。经分布式行波监测系统诊断，2020 年 7 月 17 日 22 时 13 分 15 秒，某±500kV 直流输电线路极 I 发生雷击故障，故障点在 907～908 号杆塔附近。故障时间、位置与序号 15～18 的 4 次雷电较接近。

（4）现场巡视。经现场巡检，发现 907 号杆塔极 I 导线均压环及上方横担下平面有放电痕迹，确定 907 号杆塔为故障点，907 号杆塔故障痕迹及通道环境如图 3-114～图 3-118 所示。该杆塔位于山区，海拔 425.5m，大小号侧档距分别为 293m 和 321m。

图 3-114　907 号杆塔极 I 导线均压环放电痕迹

图 3-115　907 号杆塔极Ⅰ横担侧耳轴挂板处放电痕迹

图 3-116　907 号杆塔极Ⅰ放电通道

907 号杆塔在近期正常天气条件下开展接地测量，接地电阻为 17.5Ω，满足设计标准。

图 3-117　907 号杆塔大号侧通道

图 3-118　907 号杆塔小号侧通道

（5）仿真分析。在 ATP/EMTP 仿真程序中，根据故障塔型、导线型号、绝缘配置建模，雷电流设为负极性注入极 I 导线，计算得到极 I 绕击耐雷水平为 16.1kA。根据 EGM，故障杆塔位于山地，地面倾角为 20°，算得最大绕击电流为 34.3kA。根据运行经验，±500kV 直流输电线路反击耐雷水平在 120kA 以上。

所查到的雷电流幅值均远小于反击耐雷水平，序号 15 的雷电（雷电流幅值−31.2kA）和序号 16 的雷电（雷电流幅值−30.0kA）均满足极Ⅰ（左线）绕击闪络条件，但根据直流系统再启时序，序号 15 的雷电造成故障更符合。

3. 分析结论

综上所述，判断此次故障由雷电绕击所致。故障过程如下：序号 15 的雷电（雷电流幅值−31.2kA）击中极Ⅰ导线，超过极Ⅰ（左线）绕击耐水平，电弧烧伤导线均压环、横担塔材，形成接地短路故障，因后续回击导致两次全压重启失败，降压重启成功。

3.5.3 雷电反击导致单极接地故障

1. 故障简况

2022 年 4 月 11 日 13 时 57 分，某±500kV 直流输电线路极Ⅱ线路（右线）发生故障，保护动作，故障测距估算故障区段为 921～924 号杆塔，一次全压再启动成功。

2. 原因分析

（1）雷电监测结果。经查询雷电监测系统，故障前后 1min、周边 5km 范围内，沿线仅发生一次雷电，时间为 13 时 57 分 33 秒 666 毫秒，定位在 923～924 号杆塔附近，雷电流幅值为−285kA，时间、位置与故障情况十分吻合，该线路雷电监测结果如图 3-119 所示。

（2）故障录波监测结果。通过站内故障录波分析，极Ⅱ线路故障引起突变量保护、行波保护动作，线路全压重启动 1 次，去游离约 160ms 后，极Ⅱ直流电压恢复至 500kV，重启成功。同时，根据工作电流的极性可判定极Ⅱ为正极。PCPA 和 PCPB 两套系统记录的线路电压 U_{DL}、中性母线电流 I_{DNC} 和熄弧角 γ、触发角 α 详情如图 3-120、图 3-121 所示。

（3）分布式行波监测结果。经分布式行波监测系统诊断，2022 年 4 月 11 日 13 时 57 分 33 秒 666 毫秒，某±500kV 直流输电线路发生雷击故障，故障相为极Ⅱ（右线），故障点位于 922 号杆塔附近。故障时间与查询到雷电时间毫秒吻合，位置与故障测距及查询的雷电位置也十分接近。

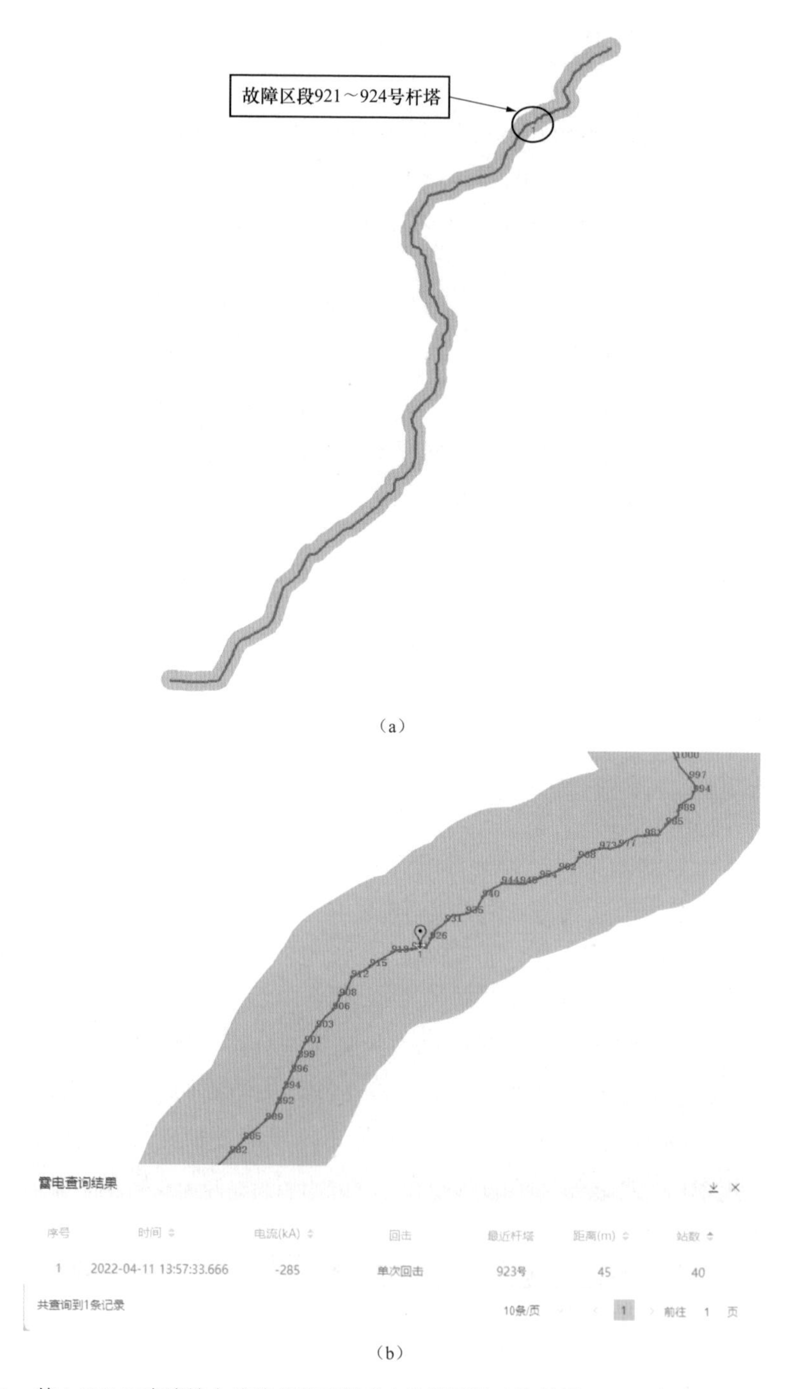

图 3-119　某±500kV 直流输电线路故障时段雷电监测系统查询结果（2022 年 4 月 11 日 13 时）

（a）故障时段全线雷电分布；（b）故障时段故障点附近雷电

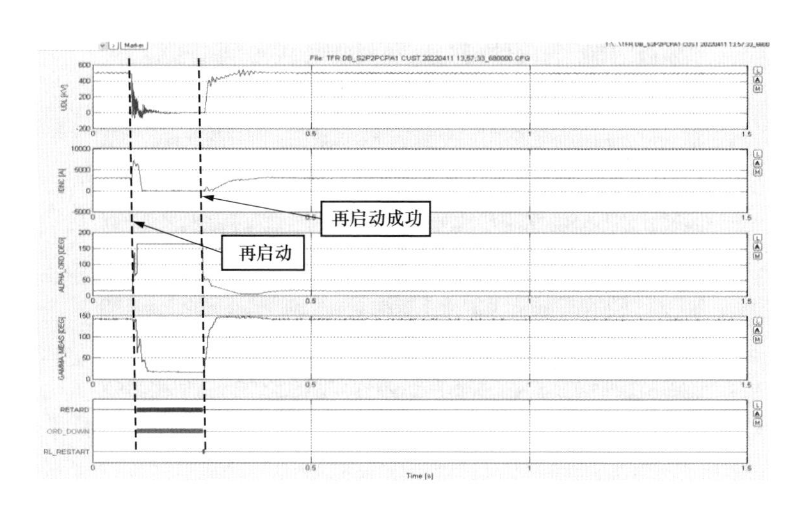

图 3-120 PCPA 系统极ⅡU_{DL}、I_{DNC}、γ、α 变化情况

（2022 年 4 月 11 日 13 时）

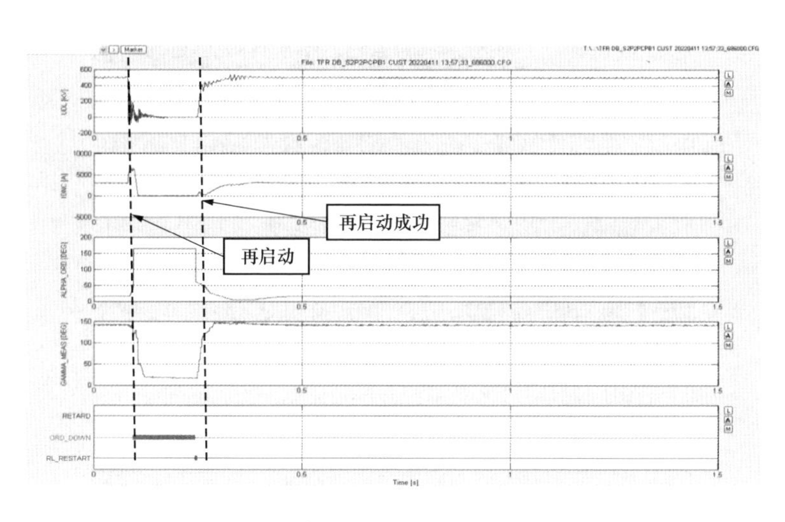

图 3-121 PCPB 系统极Ⅱ U_{DL}、I_{DNC}、γ、α 变化情况

（2022 年 4 月 11 日 13 时）

（4）现场巡视。经现场巡视，换流站极Ⅱ直流场设备、极Ⅱ阀厅及极Ⅱ控制保护小室内相关二次设备无异常，发现 923 号杆塔极Ⅱ（右线）复合绝缘子、均压环均有放电痕迹，确认故障点为 923 号杆塔，923 号杆塔故障痕迹及通道环境如图 3-122～图 3-125 所示。该杆塔地处山脊，两边跨深沟，小号侧跨深沟慢下坡、档距 398m，大号侧为跨沟、档距 483m。

图 3-122　923 号杆塔极Ⅱ导线侧均压环放电痕迹

图 3-123　923 号杆塔极Ⅱ横担侧均压环放电痕迹

图 3-124　923 号杆塔小号侧通道

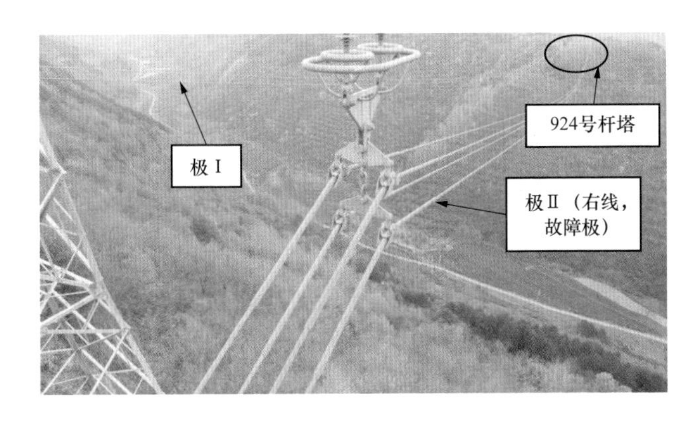

图 3-125　923 号杆塔大号侧通道

现场测量 923 号杆塔接地电阻值，A 腿为 0.89Ω，B 腿为 0.88Ω，C 腿为 0.82Ω，D 腿为 0.87Ω，均符合设计要求。

（5）仿真分析。根据 EGM，±500kV 直流输电线路杆塔在平地条件最大绕击电流 I_{sk} 在 20～40kA，考虑到山顶、沿坡恶劣地形情况，I_{sk} 也不会超过 100kA，理论上超过此幅值的雷电流无法绕击到导线。

雷电反击时，绝缘子两端间隙承受的过电压等于横担与导线电位差的绝对值。对于直流输电线路，负极性雷电反击时，横担电位为负极性，因此正极绝缘子两端间隙过电压大于负极绝缘子两端间隙过电压，更易发生反击闪络。此次故障相（极 II ）为正极，与此相符。

在 ATP/EMTP 仿真程序中，根据故障塔型（GB36-29）、绝缘子型号（FXBZ-±500/300）、导线型号（ACSR-720/50）、地形型号（GJ-100）建立雷击仿真模型。接地电阻根据实测情况取值 1Ω，以负极性雷电流注入塔顶，计算得到极 II 的反击耐雷水平为 245.0kA。

所查到的雷电流幅值达－285.0kA，超过反击耐雷水平，同时也远大于最大绕击电流，满足极 II 反击闪络条件。

3. 分析结论

综上所述，此次故障为大幅值雷电反击所致，故障过程为：－285.0kA 雷电击中 923 号杆塔塔顶，超过极 II（右线）最大绕击电流，电弧烧伤极 II（右线）导线侧和横担侧均压环，导致极 II（右线）接地短路故障，后续系统全压再启动成功。

4 高压架空输电线路雷击故障

相对于特高压和超高压架空输电线路，高压架空输电线路的绕击和反击耐雷水平进一步降低，受所处地形地貌和雷电流幅值概率分布的影响，绕击和反击跳闸比例已无明显差别。同时，反击耐雷水平的降低也使得雷击导致同塔多相同时故障的发生率增加。

4.1 220kV 交流输电线路

4.1.1 雷电绕击导致单相接地故障

1. 故障简况

2022 年 7 月 18 日 19 时 24 分，某 220kV 交流输电线路 B 相跳闸，两套主保护动作，距离大号侧变电站 39.77km（51～52 号杆塔），距离小号侧变电站 19.46km（49～50 号杆塔），故障测距初步判断故障区段为 50～52 号杆塔，重合成功。

2. 原因分析

（1）雷电监测结果。经查询雷电监测系统，故障时段前后 1min、线路半径 5km 范围内共有 38 个落雷，主要集中在 50～51 号杆塔区段，其中序号 12 的雷电定位区段为 50～51 号杆塔，雷电流幅值为－39.6kA，如图 4-1 所示。

（2）故障录波监测结果。通过站内故障录波分析，故障时刻为 2022 年 7 月 18 日 19 时 24 分 36 秒 20 毫秒，时间与图 4-1 中序号 12 雷电吻合，故障相别为 B 相，短路类型为单相（B 相）接地，重合成功，如图 4-2 所示。

（3）分布式故障监测结果。经分布式行波监测系统诊断，2022 年 7 月 18 日 19 时 24 分 36 秒 20 毫秒，线路发生雷击跳闸，重合闸成功，故障相为 B 相，位置在 1 号杆塔和 74 号杆塔之间，距离 1 号杆塔大号方向 20.74km，故障点位于 52 号杆塔附近。

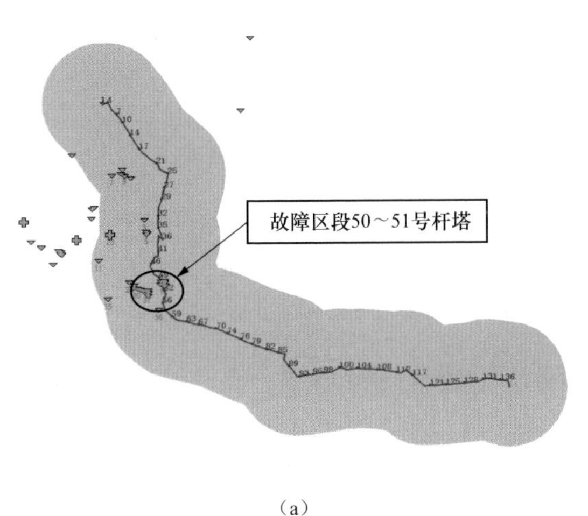

（a）

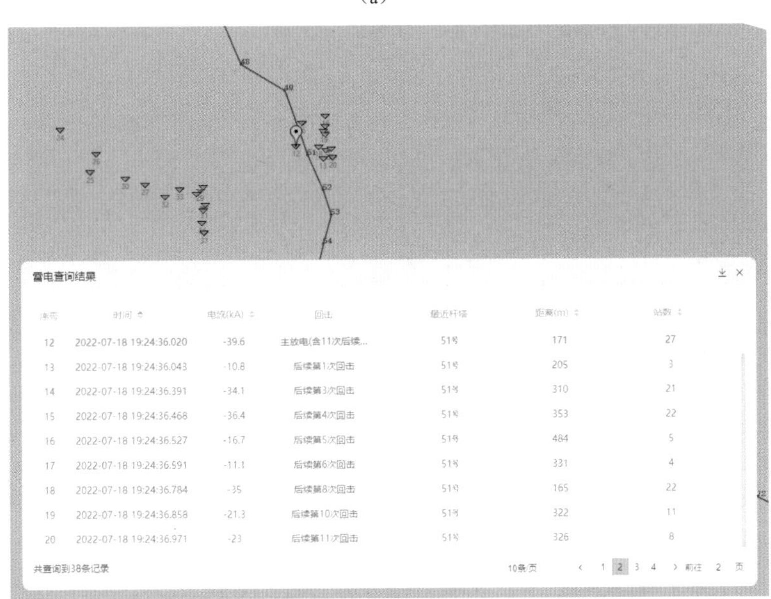

雷电查询结果

序号	时间	电流(kA)	回击	最近杆塔	距离(m)	站数
12	2022-07-18 19:24:36.020	-39.6	主放电(含11次后续...	51号	171	27
13	2022-07-18 19:24:36.043	-10.8	后续第1次回击	51号	205	3
14	2022-07-18 19:24:36.391	-34.1	后续第3次回击	51号	310	21
15	2022-07-18 19:24:36.468	-36.4	后续第4次回击	51号	353	22
16	2022-07-18 19:24:36.527	-16.7	后续第5次回击	51号	484	5
17	2022-07-18 19:24:36.591	-11.1	后续第6次回击	51号	331	4
18	2022-07-18 19:24:36.784	-35	后续第8次回击	51号	165	22
19	2022-07-18 19:24:36.858	-21.3	后续第10次回击	51号	322	11
20	2022-07-18 19:24:36.971	-23	后续第11次回击	51号	326	8

共查询到38条记录　10条/页　‹ 1 2 3 4 › 前往 2 页

（b）

图 4-1　某 220kV 交流输电线路故障时段雷电监测系统查询结果（2022 年 7 月 18 日 19 时）

（a）故障时段全线雷电分布；（b）故障时段故障点附近雷电

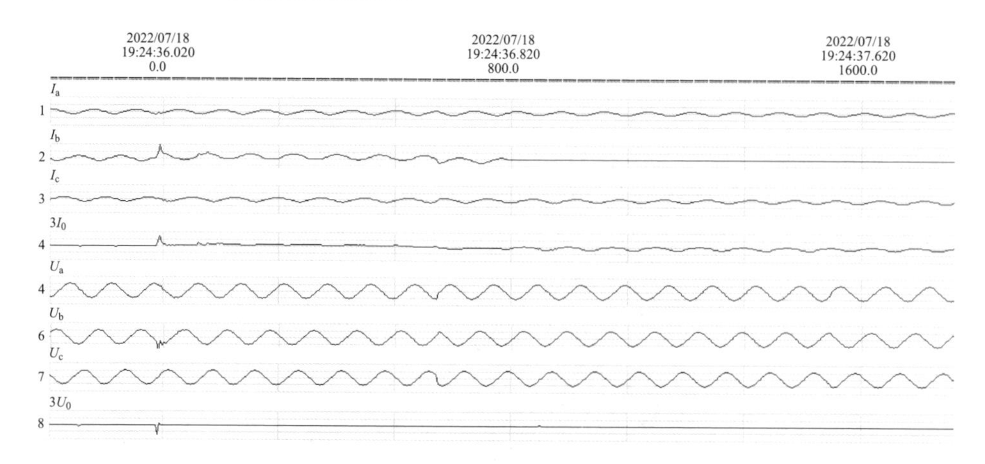

图 4-2　某 220kV 交流输电线路故障录波图（2022 年 7 月 18 日 19 时）

根据系统记录的故障时刻电流行波波形，故障时刻电流行波主波头电流上升比较陡，波尾持续时间小于 20μs，且无明显反极性脉冲，符合雷电绕击故障特征，分布式行波监测波形如图 4-3 所示。

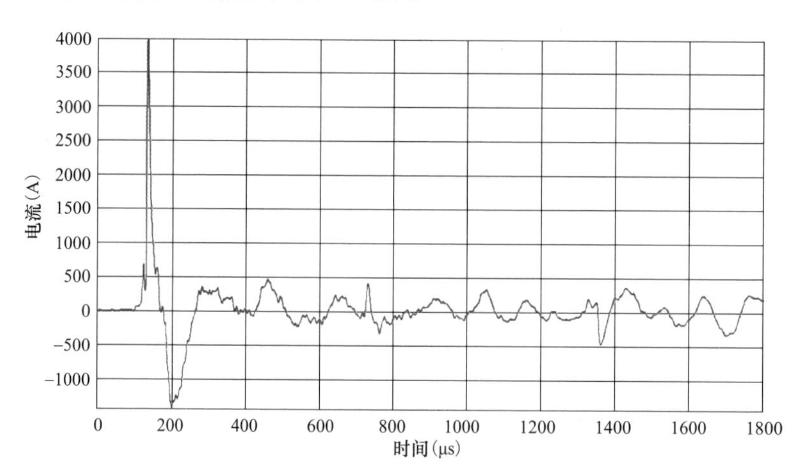

图 4-3　分布式行波监测波形

（4）现场巡视。经现场巡视，发现 51 号耐张杆塔 B 相（中相）跳线绝缘子导线端均压环、地线引流线部分均有放电痕迹，由此判断放电通道为地线跳线和跳线绝缘子串导线端均压环之间，如图 4-4 所示，确认 51 号为故障杆塔。

该杆塔位于山区，故障杆塔位于沿坡地形，如图 4-5 所示。确认故障原因为雷击，对线路运行无影响。

图 4-4　51 号杆塔 B 相跳线绝缘子导线段均压环、跳线有放电痕迹

图 4-5　51 号杆塔周边地形地貌

现场测得 51 号杆塔接地电阻值为 1.5Ω，满足设计要求（20Ω）。

（5）仿真分析。在 ATP/EMTP 仿真程序中，根据故障塔型结构、绝缘子型号建立雷击模型，雷电流设为负极性，仿真得到故障杆塔故障相绕击耐雷水平 I_2 为 13.3kA，反击耐雷水平 I_1 为 92.0kA，通过 EGM 算得最大绕击电流 I_{sk} 为 66.4kA。造成此次故障的雷电流幅值 I_a 为 39.6kA，电流满足 $I_2 < I_a < I_{sk}$ 条件，能够绕击 B 相导线并引起闪络。结合现场巡视结果，判定此次故障为雷电绕击故障。

3. 分析结论

综上所述，此次故障为雷电绕击所致，跳闸过程为：序号 12 的雷电绕击

51 号杆塔 B 相引起地线引流线与导线跳线绝缘子串均压环之间放电，在 B 相跳线、跳线绝缘子导线端均压环和地线引流线上留下放电痕迹，重合闸成功，对线路运行无影响。

4.1.2 雷电绕击导致重合闸失败

1. 故障简况

2021 年 8 月 28 日 13 时 57 分，某 220kV 交流输电线路 A 相故障跳闸，录波测距距离大号侧变电站 2.872km，结合测距故障杆塔为 7～8 号杆塔段，重合失败。

2. 原因分析

（1）雷电监测结果。经查询雷电监测系统，故障时间点前后 1min 内，故障线路周边范围 5km 内有 6 处落雷记录，其中序号 1 雷电为主放电，后面 5 次雷电为此次主放电的后续回击，主放电与最后一次多重雷击相隔时间为 457ms。此次故障发生时的雷电情况属于多重雷击，表现为在首次放电之后短时间内发生了多次同属于此次放电的回击，这些回击数量多，且具有高度的时空密集性。雷电监测系统查询情况如图 4-6 所示。

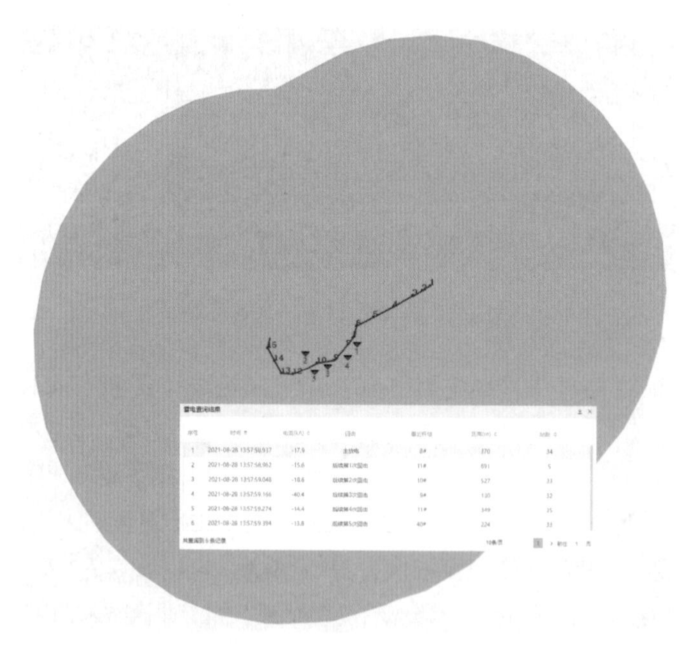

序号	时间	电流(kA)	回击	最近杆塔	距离(m)	站数
1	2021-08-28 13:57:58.937	-17.9	主放电	8#	370	34
2	2021-08-28 13:57:58.962	-15.6	后续第1次回击	11#	691	5
3	2021-08-28 13:57:59.048	-18.6	后续第2次回击	10#	527	33
4	2021-08-28 13:57:59.166	-40.4	后续第3次回击	9#	130	32
5	2021-08-28 13:57:59.274	-14.4	后续第4次回击	11#	349	35
6	2021-08-28 13:57:59.394	-13.8	后续第5次回击	40#	224	33

图 4-6　某 220kV 交流输电线路雷电监测系统查询结果（2021 年 8 月 28 日 13 时）

（2）故障录波监测结果。通过站内故障录波分析，故障时刻为2021年8月28日13时57分58秒936毫秒，时间与序号1的雷电吻合，故障相别为A相，短路类型为单相（A相）接地，重合失败，故障录波图如图4-7所示。

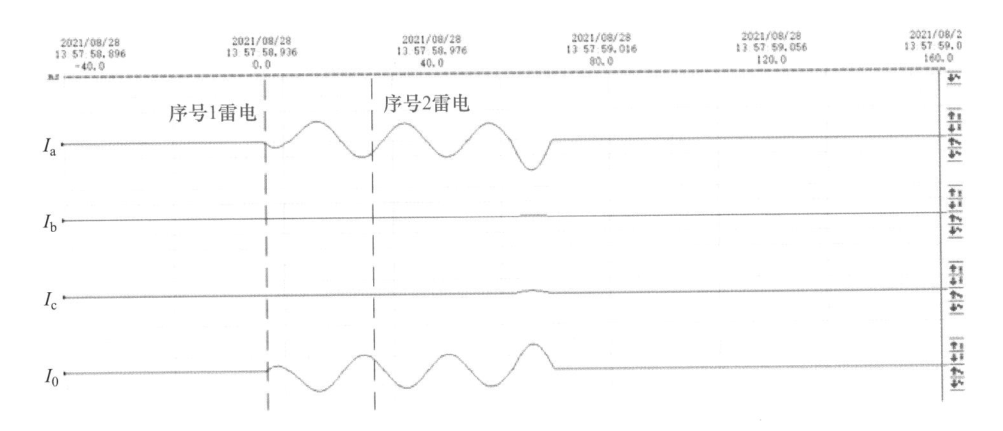

图4-7 某220kV交流输电线路故障录波图（2021年8月28日13时）

（3）现场巡视。经现场巡视，发现8号直线塔A相复合绝缘子上、下均压环有放电痕迹，确认8号杆塔为故障杆塔。该杆塔处于平地，另一回220kV输电线路与该线路同塔架设，如图4-8、图4-9所示。

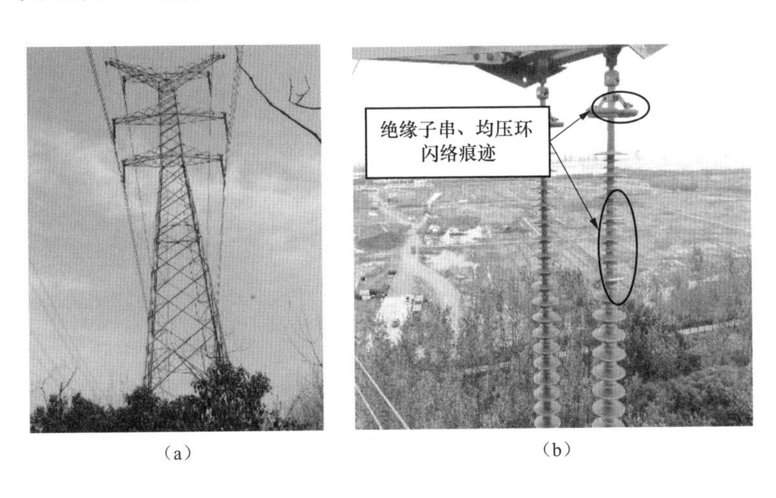

（a）

（b）

图4-8 8号杆塔故障现场巡视情况（一）

（a）故障杆塔全貌；（b）8号杆塔A相绝缘子串及均压环闪络痕迹

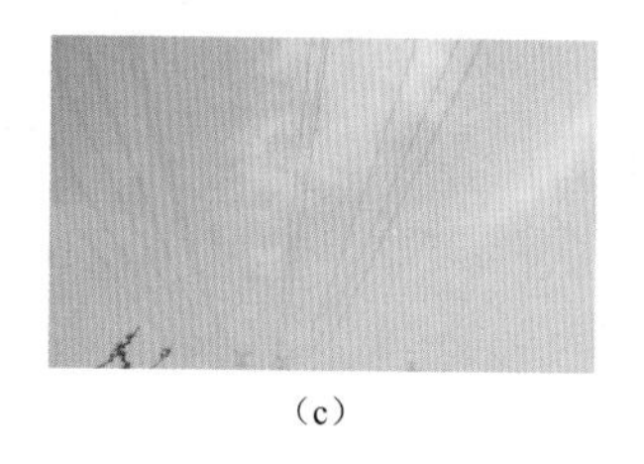

（c）

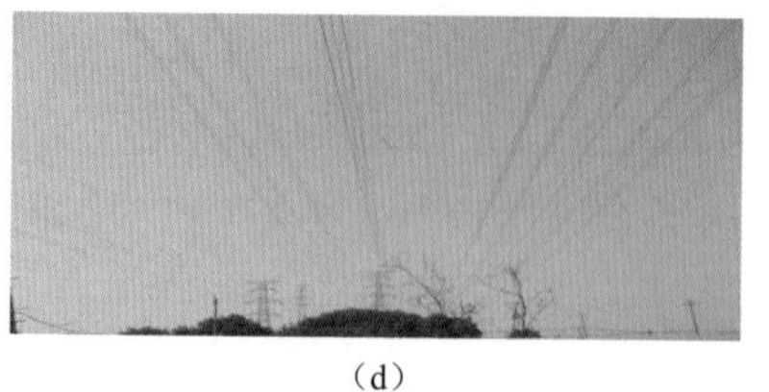

（d）

图 4-8　8 号杆塔故障现场巡视情况（二）

（c）故障区段大号侧通道；（d）故障区段小号侧通道

（4）仿真分析。在 ATP/EMTP 仿真程序中，根据故障塔型结构、绝缘子型号建立仿真模型，仿真得到故障杆塔 A 相的绕击耐雷水平 I2 为 12.3kA，最大绕击电流 Isk 为 27.3kA，反击耐雷水平 I_1 为 92.0kA。故障时刻序号 1、序号 2 雷电均满足 $I_2<I_a<I_{sk}$ 条件，满足绕击 A 相导线要求，处于雷电绕击范围，具备发生雷电绕击的可能性。

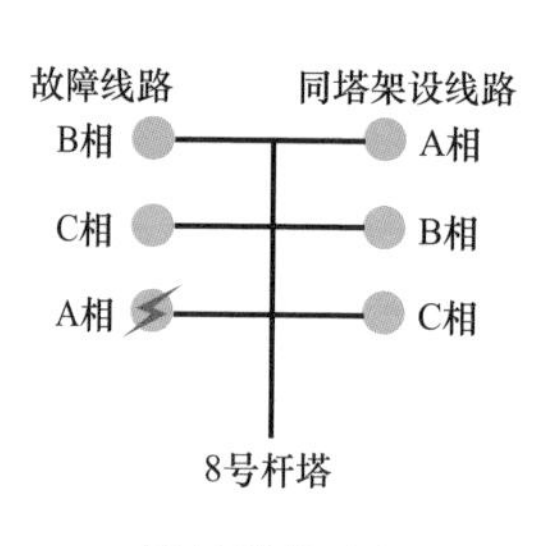

图 4-9　8 号杆塔故障相别示意图

由于故障杆塔短时间内遭受多重雷击，220kV 交流输电线路故障后到重合闸动作时间间隔一般为 100～200ms，而此次故障序号 1 与序号 2 两次雷电地闪之间时间间隔为 25ms，第一次故障发生后重合闸尚未动作，第二次雷电紧接着再次击中故障相，工频续流尚未被切断，造成去游离不充分，进而导致重合闸失败。

3. 分析结论

综上所述，此次故障由于密集雷暴天气下，故障杆塔在短时间内遭受多重雷击，雷电流幅值均在危险绕击雷电流区间范围内，雷电地闪之间时间间隔小于故障后到重合闸动作之间的时间间隔，造成去游离不充分，进而导致重合闸失败。

4.1.3　雷电绕击导致避雷器损坏

1. 故障简况

2018 年 4 月 19 日 15 时 30 分，某 220kV 交流输电线路 C 相两侧断路器跳闸。故障测距显示故障区段为 25～26 号杆塔，重合成功。

2. 原因分析

（1）雷电监测结果。经查询雷电监测系统，故障时段前后 1min、线路半径 5km 范围内共有 9 个落雷，在 26～32 号杆塔段。其中序号 4 的雷电流幅值为

−40.5kA，位置在 30 号杆塔附近，雷电监测结果如图 4-10 所示。

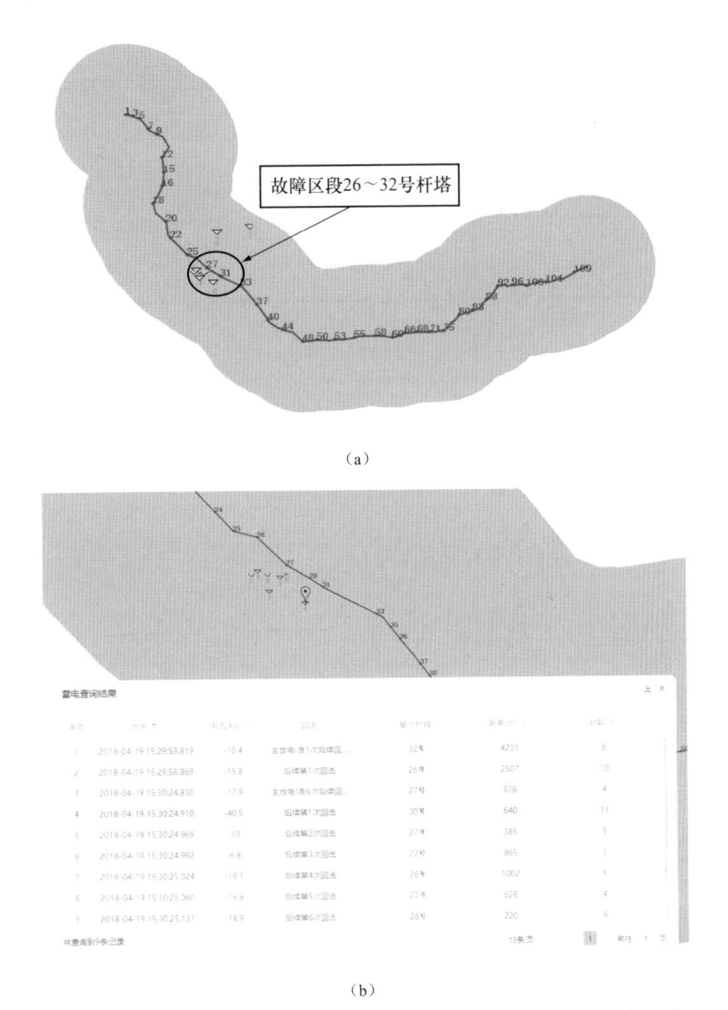

图 4-10 某 220kV 交流输电线路故障时段雷电监测系统查询结果（2018 年 4 月 19 日 15 时）

（a）故障时段全线雷电分布；（b）故障时段故障点附近雷电

（2）故障录波监测结果。通过站内故障录波分析，故障时刻为 2018 年 4 月 19 日 15 时 30 分 24 秒 910 毫秒，时间与序号 4 的雷电吻合，故障相别为 C 相，短路类型为单相（C 相）接地，重合成功，故障录波图如图 4-11 所示。

（3）现场巡视。经巡线发现，该 220kV 输电线路 28 号杆塔 C 相避雷器损坏。具体情况如下：

故障现场避雷器动作计数器（简称计数器）显示为 6，安装时读取的计数器动作情况为 5，说明从安装至今避雷器动作一次，为此次雷击引起的动作计数变化，如图 4-12 所示。

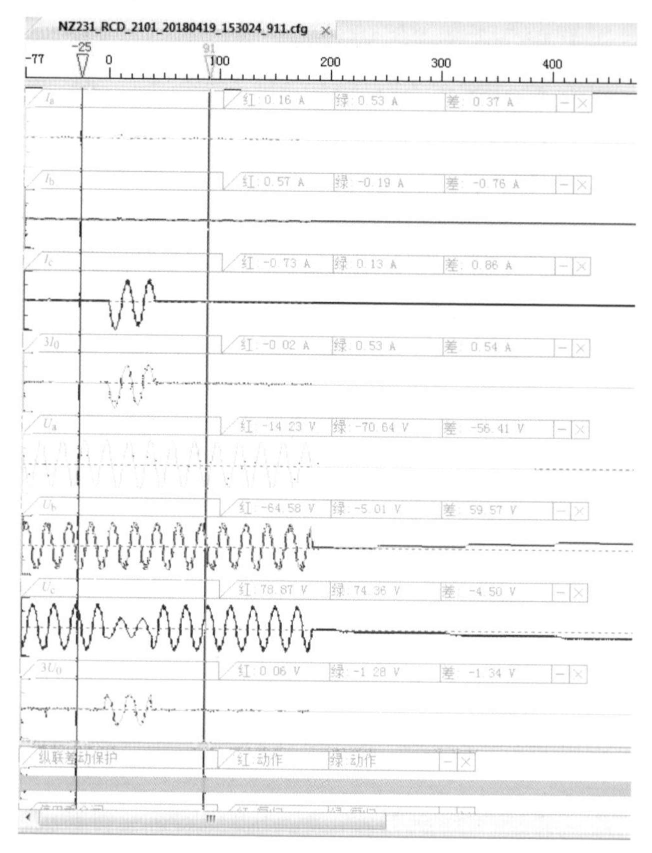

图 4-11　某 220kV 交流输电线路故障录波图（2018 年 4 月 19 日 15 时）

（a）

（b）

图 4-12　避雷器计数器动作情况

（a）故障发生前；（b）故障发生后

避雷器支架约 2/3 部分向上弯折，金属头部残留在支架上，铭牌信息因烧毁无法识别。动作计数器与表线紧固在槽钢和接头上，未见螺栓松动，避雷器支架槽钢可见放电烧伤痕迹。同时避雷器从支架接地端断裂，本体掉落地面。避雷器内的氧化锌电阻片全部飞出，部分氧化锌电阻片碎裂；避雷器导线端电极存在明显放电痕迹，避雷器两头均清晰可见烧毁痕迹，如图 4-13 所示。

图 4-13　故障前后避雷器支架及本体

(a) 故障后避雷器支架出现弯折；(b) 避雷器支架放电灼伤痕迹；(c) 故障后避雷器本体

C 相绝缘子及导线均可见燃烧痕迹，且双分裂导线面向大号侧都有断股发生，断股数为 9～11 根，导线防振锤也不同程度受到损伤，如图 4-14 所示。

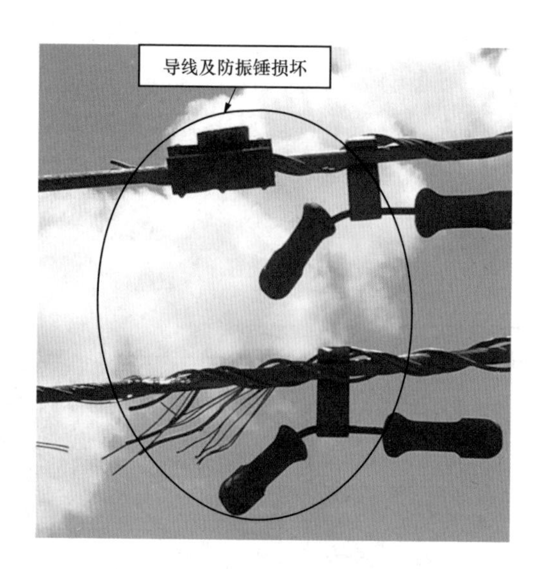

图 4-14　大号侧导线及防振锤损坏

（4）仿真分析。在 ATP/EMTP 仿真程序中，根据故障塔型结构、绝缘子型号建立仿真模型，仿真得到故障杆塔 C 相的绕击耐雷水平 I_2 为 13.2kA，最大绕击雷电流 I_{sk} 为 49.5kA，反击耐雷水平 I_1 为 105kA。故障时刻序号 4 及其后面的多个雷电均满足 $I_2 < I_a < I_{sk}$ 条件，满足绕击 C 相导线要求，处于雷电绕击范围，具备发生雷电绕击的可能性。

（5）避雷器损坏原因分析。避雷器损坏后，氧化锌电阻片散落在 28 号杆塔附近。从已搜集到的氧化锌电阻片及其碎片来看，主要有两个特征：①大部分氧化锌电阻片表面有过弧后烧蚀碳化的痕迹，如图 4-15 所示。正常氧化锌电阻片的侧表面为浅绿色，上下表面为银色，而烧蚀后变为炭黑色。②氧化锌电阻片的碎块切面没有过弧的痕迹，判断为坠落后摔碎，如图 4-16 所示。③少数氧化锌电阻片完好，未见烧蚀痕迹，如图 4-17 所示。包裹在热缩管中的氧化锌电阻片保存完好，但热缩管有过热和烧蚀后的卷曲形态。

图 4-15　部分氧化锌电阻片表面烧蚀情况

图 4-16 部分氧化锌电阻片切面

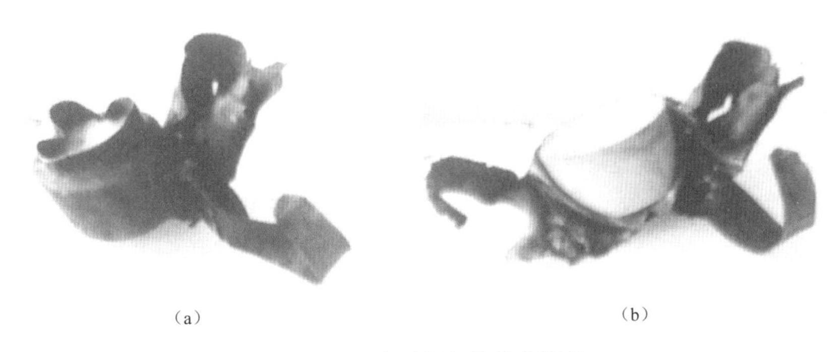

（a） （b）

图 4-17 未受损氧化锌电阻片

（a）包裹于热缩管中；（b）拆开热缩管

避雷器损坏可有多种原因，其中常见有两种：

1）氧化锌电阻片通过的雷电能量和工频短路电流能量超过其承受能力，多个氧化锌电阻片发生热崩溃。氧化锌电阻片碎裂后，切口可见明显的过弧痕迹。

2）避雷器内部受潮等原因造成内部沿面绝缘强度降低。当氧化锌电阻片侧表面的绝缘强度比氧化锌电阻片残压更低时，雷电过电压会导致氧化锌电阻片沿面闪络，工频短路电弧形成电弧通道。由于工频短路电流未流经氧化锌电阻片，不能被氧化锌电阻片快速遮断，套筒内气压急剧上升，造成爆炸。这种情况一般不会造成氧化锌电阻片内部损坏，但氧化锌电阻片表面因过弧而有明显碳化痕迹。

从已搜集氧化锌电阻片的损坏情况看，未发现热崩溃的氧化锌电阻片。可推测避雷器内部受潮，氧化锌电阻片表面或热缩管表面绝缘强度下降，在雷电过电压下闪络，进而在套筒内形成工频短路电弧，最终导致爆炸。

避雷器损坏后，本体与头部金属部分在支架处脱离，如图 4-18 所示。可见，在金属头部的内螺纹还残留绝缘筒材料，表明在该处发生断裂。套筒内表面有明显的碳化痕迹，外护套伞裙部分脱落，从形态上推测，避雷器绝缘筒内部电弧产生后，气压急剧上升，绝缘筒与金属头部的连接处在瞬时冲击力下损坏。

图 4-18 避雷器头部金属部分

从避雷器氧化锌电阻片和套筒损坏形态可判断，避雷器在雷电过电压下动作后，电流并未完全通过氧化锌电阻片，而是在氧化锌电阻片侧表面和热缩管表面形成电弧通道，套筒内部气压骤然上升后，瞬时冲击力将绝缘筒与金属头部连接处冲开，进而将避雷器支架弯折变形、本体跌落地面。

避雷器在雷电过电压下正常动作时，雷电流和工频短路电流应流经氧化锌电阻片内部。当套筒内部受潮后，氧化锌电阻片侧表面或热缩管表面的绝缘强度明显下降，在雷电过电压下闪络并形成工频电弧，使氧化锌电阻片不能发挥遮断工频短路电流的作用，进而导致爆炸。

3. 分析结论

综上所述，此次故障过程中故障杆塔在短时间内遭受多次雷电绕击，使电弧重燃，如此反复，造成氧化锌电阻片燃烧，产生大量气体，使避雷器本体套管体积迅速膨胀，再加上避雷器内部受潮，氧化锌电阻片表面或热缩管表面绝缘强度下降，在雷电过电压下闪络，进而在套筒内形成工频短路电弧，最终导致爆炸。

4.1.4 雷电反击导致多回同跳故障

1. 故障简况

2021 年 7 月 27 日 16 时 30 分，某 220kV 同塔架设双回线路 B 相同时跳闸，两套主保护动作，断路器跳闸，距离小号侧变电站保护测距 4.4km，故障区段为 10～11 号杆塔，重合成功。

2. 原因分析

（1）雷电监测结果。经查询雷电监测系统，故障时段前后 1min、线路半径 5km 范围内共有 11 个落雷，在 7～13 号杆塔段。其中序号 1 的雷电，定位在 13 号杆塔附近，最近距离为 1544m，雷电流幅值为－143.9kA，与故障情况十分吻合，如图 4-19 所示。

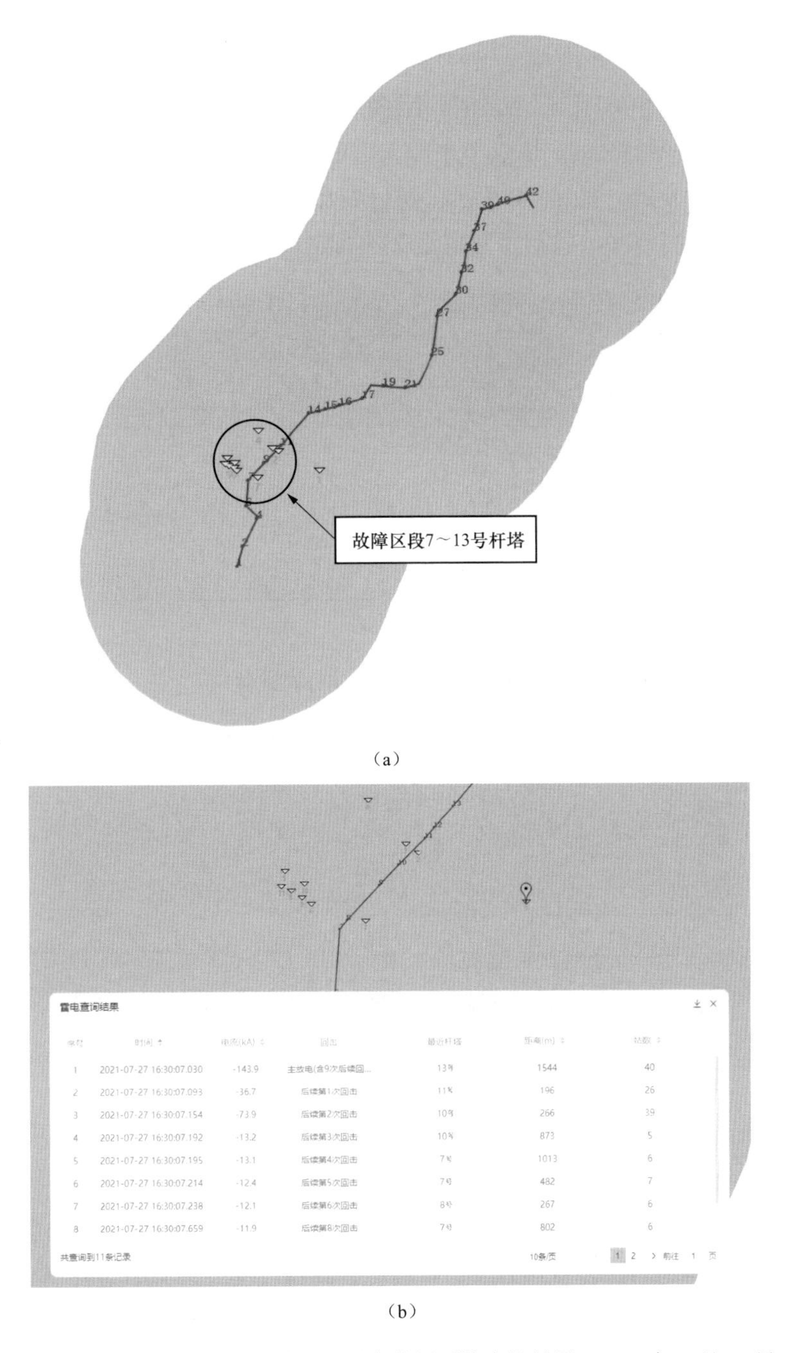

序号	时间	电流(kA)	回击	最近杆塔	距离(m)	站数
1	2021-07-27 16:30:07.030	-143.9	主放电(含9次后续回...	13号	1544	40
2	2021-07-27 16:30:07.093	-36.7	后续第1次回击	11号	196	26
3	2021-07-27 16:30:07.154	-73.9	后续第2次回击	10号	266	39
4	2021-07-27 16:30:07.192	-13.2	后续第3次回击	10号	873	5
5	2021-07-27 16:30:07.195	-13.1	后续第4次回击	7号	1013	6
6	2021-07-27 16:30:07.214	-12.4	后续第5次回击	7号	482	7
7	2021-07-27 16:30:07.238	-12.1	后续第6次回击	8号	267	6
8	2021-07-27 16:30:07.659	-11.9	后续第8次回击	7号	802	6

（a）

（b）

图 4-19　某 220kV 交流输电线路故障时段雷电监测系统查询结果（2021 年 7 月 27 日 16 时）

（a）故障时段全线雷电分布；（b）故障时段故障点附近雷电

（2）分布式行波监测结果。经分布式行波监测系统诊断，2021 年 7 月 27 日 16 时 30 分 7 秒 30 毫秒，该同塔双回线路发生雷击跳闸，故障相为 B 相，位置在 1 号杆塔和 44 号杆塔之间，距离 1 号杆塔大号方向 4.69km，故障杆塔在 11 号杆塔附近，时间、地点与序号 1 雷电吻合。回路一、回路二故障分布式高频波形如图 4-20、图 4-21 所示，可以看出波尾时间均较短，小于 20μs，且存在明显反极性脉冲，故初步判定这 2 次雷击故障均为反击引起。

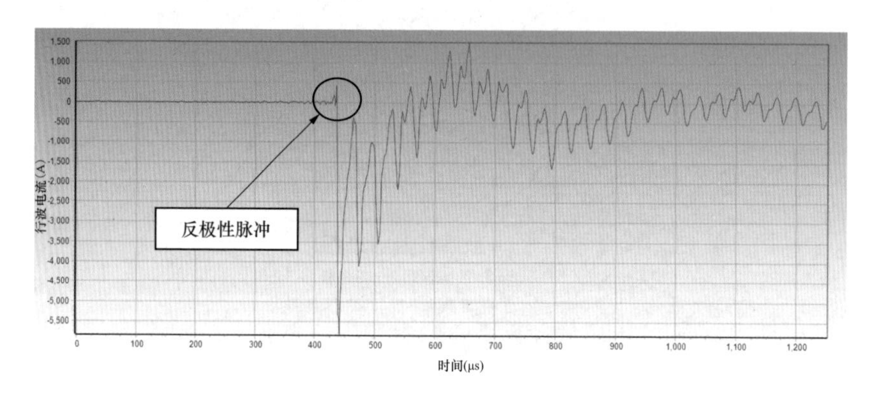

图 4-20　回路一故障相分布式波形

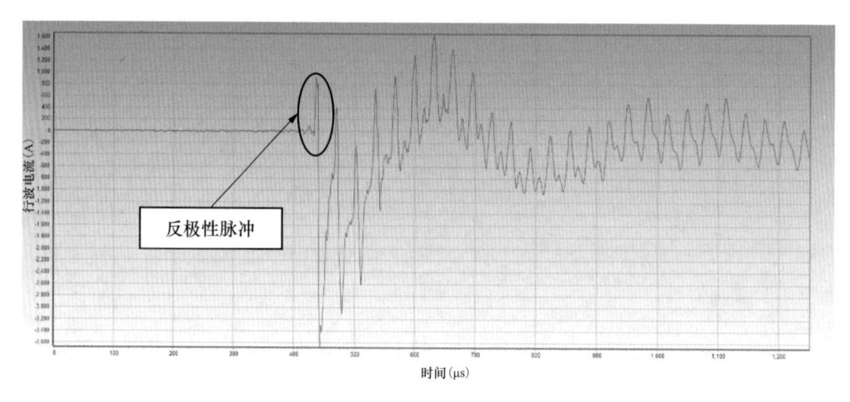

图 4-21　回路二故障相分布式波形

（3）现场巡视。现场巡视查明回路一 10 号杆塔 B 相（上相）防风偏复合绝缘子上、下均压环和伞裙及挂点上有明显放电痕迹，下均压环内侧雷击击破；回路二 10 号杆塔 B 相（上相）防风偏复合绝缘子上、下均压环和伞裙及挂点上有明显放电痕迹，下均压环外侧雷击击破，如图 4-22 所示。结合现场天气、雷电监测系统综合判断故障原因为雷击，对线路运行无影响。故障相别如图 4-23 所示。

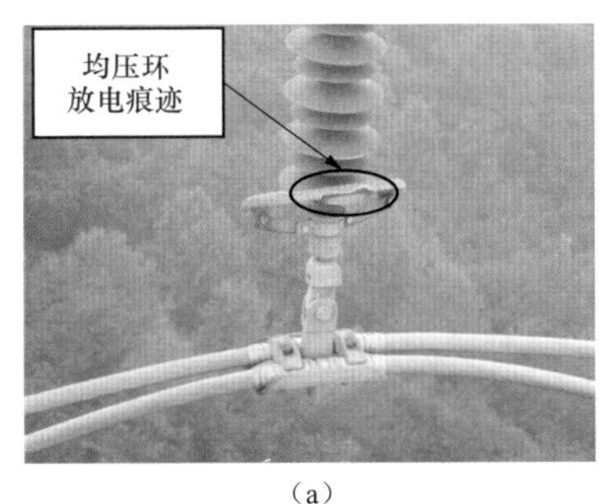

（a）

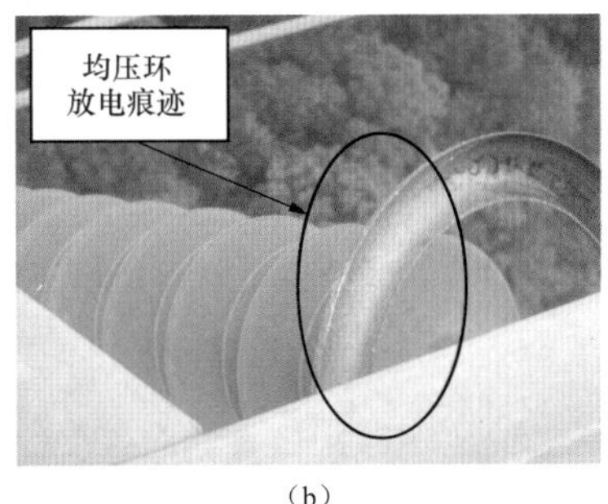

（b）

图 4-22 故障闪络痕迹

（a）回路一 10 号杆塔 B 相；（b）回路二 10 号杆塔 B 相

（4）仿真分析。综合分析故障时刻各类监测信息，初步判定由序号 1 雷电引起此次跳闸。在 ATP/EMTP 仿真程序中，仿真得到 10 号杆塔反击耐雷水平如表 4-1 所示，此时双回路的 B 相发生同时闪络。故判定为反击。

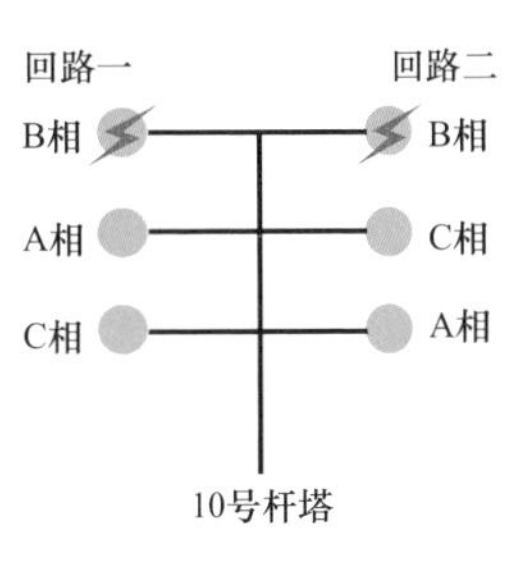

图 4-23 10 号杆塔故障相别示意图

根据塔型，代入导地线坐标，杆塔位于山区，地面倾角约 40°，最大绕击电流 I_{sk} 为 52kA。实际雷电流幅值 I_a 为－143.9kA 时，大于最大绕击电流，由此排除绕击可能。

表 4-1　　10 号杆塔反击耐雷水平计算结果

闪络相	B2	B2/B1	B2/B1/A1
耐雷水平（kA）	95	119	169

3. 分析结论

综上所述，此次故障原因判断为序号 1 的落雷击中同塔双回线路 10 号杆塔塔顶，泄流过程中引起两回线路 B 相跳线复合绝缘子击穿，造成反击跳闸，对线路运行无影响。

4.1.5 雷电反击导致三相短路故障

1. 故障简况

2021 年 7 月 3 日 21 时 4 分，某 220kV 同塔双回线路第一、第二套保护动作，断路器三相跳闸，故障测距得到的故障区段为 37～43 号杆塔，重合失败，21 时 37 分试送成功。

2. 原因分析

（1）雷电监测结果。经查询雷电监测系统，故障时段前后 1min、线路半径 5km 范围内共有 23 个落雷，在 39～49 号杆塔段。其中序号 13 的雷电，定位在 39 号杆塔附近，与故障情况十分吻合，如图 4-24 所示。

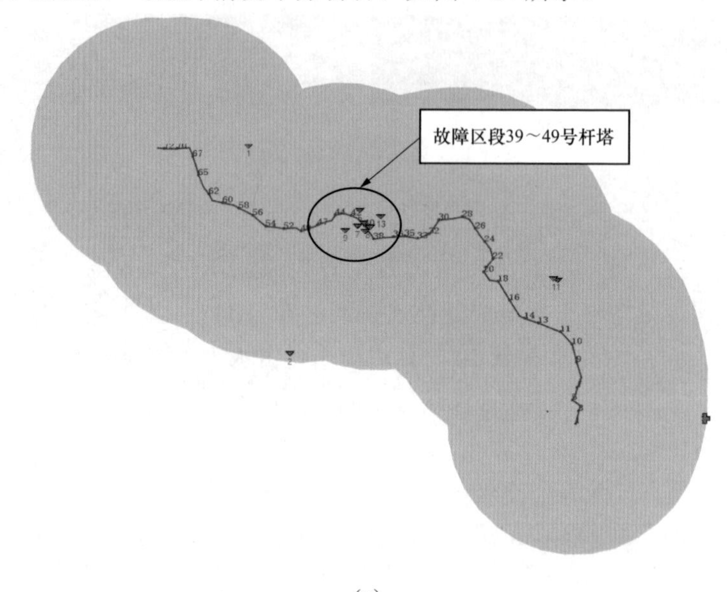

（a）

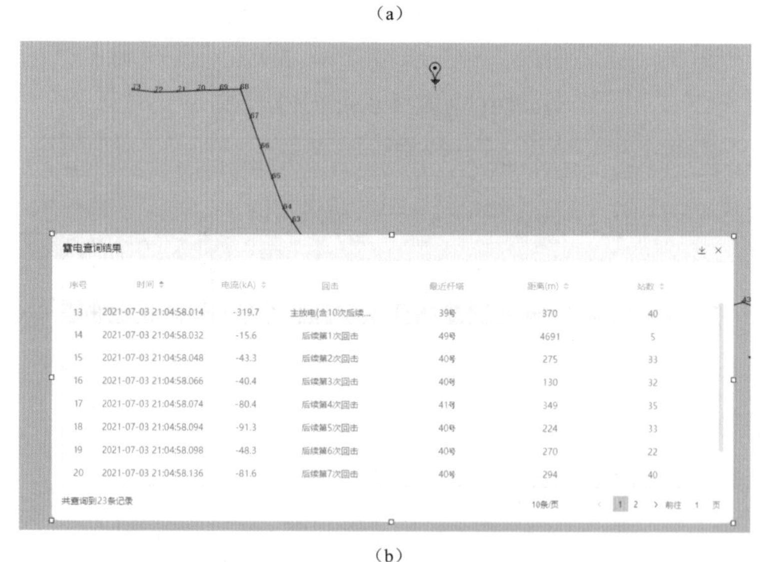

雷电查询结果

序号	时间	电流(kA)	回击	最近杆塔	距离(m)	站数
13	2021-07-03 21:04:58.014	-319.7	主放电(含10次后续...	39号	370	40
14	2021-07-03 21:04:58.032	-15.6	后续第1次回击	49号	4691	5
15	2021-07-03 21:04:58.048	-43.3	后续第2次回击	40号	275	33
16	2021-07-03 21:04:58.066	-40.4	后续第3次回击	40号	130	32
17	2021-07-03 21:04:58.074	-80.4	后续第4次回击	41号	349	35
18	2021-07-03 21:04:58.094	-91.3	后续第5次回击	40号	224	33
19	2021-07-03 21:04:58.098	-48.3	后续第6次回击	40号	270	22
20	2021-07-03 21:04:58.136	-81.6	后续第7次回击	40号	294	40

共查询到23条记录　10条/页　1 2 前往 1 页

（b）

图 4-24　某 220kV 交流输电线路故障时段雷电监测系统查询结果（2021 年 7 月 3 日 21 时）

（a）故障时段全线雷电分布；（b）故障时段故障点附近雷电

（2）故障录波监测结果。通过站内故障录波分析，故障时刻为 2021 年 7

月 3 日 21 时 4 分 58 秒 15 毫秒，时间与序号 13 的雷电吻合，双回线路 6 相同时跳闸，每回线路的零序电流为 0，即双回线路均发生三相对称短路，如图 4-25 所示。

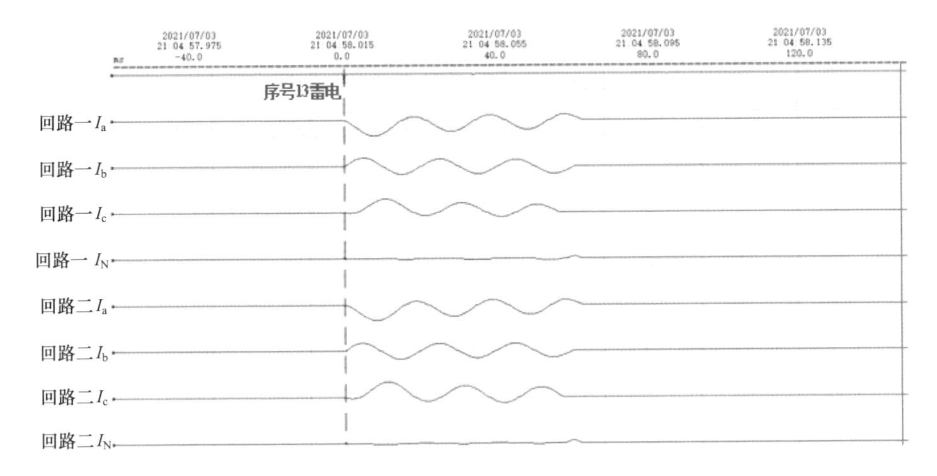

图 4-25　某 220kV 交流输电线路故障录波图（2021 年 7 月 3 日 21 时）

（3）现场巡视。经现场巡视，发现回路一、回路二 39 号杆塔双回路三相导线附近塔材及复合绝缘子均有放电痕迹，故障杆塔位置与雷电监测系统匹配，判定故障为雷击引起，如图 4-26、图 4-27 所示。

图 4-26　39 号杆塔故障现场巡视情况（一）

（a）回路一 A 相绝缘子；（b）回路二 A 相绝缘子；（c）回路一 B 相绝缘子；（d）回路二 B 相绝缘子（均压环脱落）

(e)

(f)

(g)

图 4-26　39 号杆塔故障现场巡视情况（二）

（e）回路一 C 相绝缘子；（f）回路二 C 相绝缘子；（g）故障杆塔全貌

（4）仿真分析。故障杆塔位于平地，地面倾角为 10°，根据故障杆塔及故障相导线挂点高度、中距，地线挂点高度、中距等参数，算得上、中、下相的最大绕击电流 I_{sk} 分别为 34.2、31.4、28.5kA。图 4-24 中序号 13 的雷电流幅值 I_a 为 −319.7kA，远远超过了最大绕击危险雷电流，故无法对三相造成绕击。

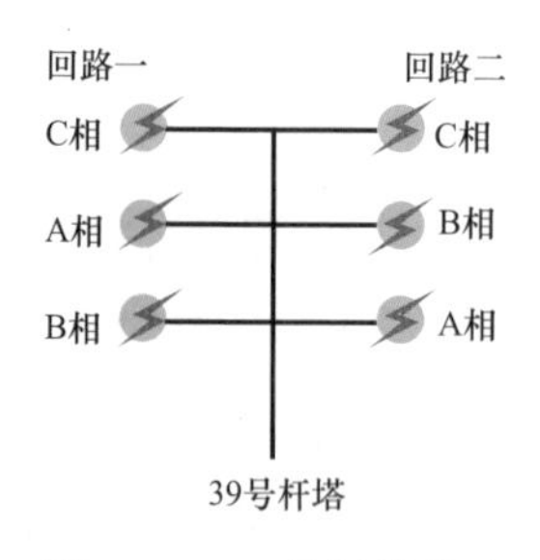

图 4-27　39 号杆塔故障相别示意图

在 ATP/EMTP 仿真程序中，仿真得到故障杆塔不同相位闪络时反击耐雷水平如表 4-2 所示，此时 6 相全部发生闪络。

表 4-2　　39 号杆塔反击耐雷水平计算结果

闪络相数	2	3	4	5	6
闪络相位	B1/B2	B1/B2/C1	B1/B2/C1/C2	B1/B2/C1/C2/A2	全部相位
反击耐雷水平（kA）	102	145	158	206	225

3. 分析结论

综上所述，此次故障为大幅值雷电流击中塔顶反击，造成6相同时发生闪络。根据雷电流幅值累计概率分布表达式 $P(>I)=\dfrac{1}{1+(I/31)^{2.6}}$ 可知，一般地区雷电流幅值绝对值大于320kA的概率为0.2%，属于极小概率事件。

4.2 110kV交流输电线路

4.2.1 雷电绕击导致单相接地故障

1. 故障简况

2021年6月17日17时54分，某110kV交流输电线路C相（左上相）保护动作，开关跳闸，故障测距距离小号侧变电站5.805km，故障区段为19～20号杆塔，重合成功。

2. 故障原因分析

（1）雷电监测结果。经查询雷电监测系统，故障时段前后1min、线路半径5km范围内共有9个落雷记录，在17～18号、22～28号杆塔段附近。其中序号3的雷电，雷电流幅值为－20.8kA，定位17号杆塔附近，距离仅333m，发生时间与故障时间非常吻合。线路故障时段雷电监测系统查询结果如图4-28所示。

（2）现场巡视。经现场巡视，发现19号杆塔C相（同塔四回下层左上相）双联绝缘子两端均压环上均出现明显的放电痕迹，确认19号杆塔为故障塔。

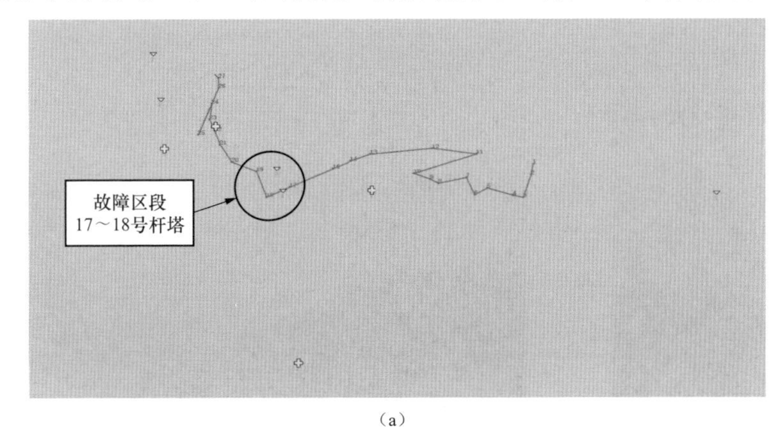

（a）

图4-28 某110kV交流输电线路故障时段雷电监测系统查询结果(2021年6月17日17时)(一)

（a）故障时段全线雷电分布

雷电查询结果

序号	时间	电流(kA)	回击	最近杆塔	距离(m)	站数
1	2021-06-17 17:53:36.720	7.5	主放电(含1次后续回...	13号	520	4
2	2021-06-17 17:53:37.191	14.6	后续第1次回击	18号	2427	12
3	2021-06-17 17:54:11.056	-20.8	主放电(含4次后续回...	17号	333	3
4	2021-06-17 17:54:11.072	-5.3	后续第1次回击	17号	126	4
5	2021-06-17 17:54:11.104	-41.3	后续第2次回击	1号	3118	21
6	2021-06-17 17:54:11.111	-27.6	后续第3次回击	25号	794	10
7	2021-06-17 17:54:11.175	-24.1	后续第4次回击	28号	1065	12
8	2021-06-17 17:54:52.851	9.6	主放电(含1次后续回...	22号	58	7
9	2021-06-17 17:54:53.178	15.1	后续第1次回击	25号	599	11

共查询到9条记录　　10条/页　1　前往 1 页

（b）

图 4-28　某 110kV 交流输电线路故障时段雷电监测系统查询结果（2021 年 6 月 17 日 17 时）（二）

（b）故障时段故障点附近雷电

该塔位于山坡，故障线路位于杆塔下层，与另一 110kV 输电线路同塔双回架设，杆塔详情如图 4-29～图 4-31 所示，杆塔上放电痕迹如图 4-32 所示。根据放电痕迹，判断双联绝缘子两端均压环间形成放电通道，如图 4-33 所示。

19号杆塔C相

图 4-29　19 号杆塔全塔

图 4-30　19 号杆塔小号侧通道

图 4-31　19 号杆塔大号侧通道

图 4-32　19 号杆塔 C 相（左上相）绝缘子均压环闪络痕迹

图 4-33　19 号杆塔 C 相（左上相）放电通道

（3）仿真分析。在 ATP/EMTP 仿真程序中，根据故障塔型结构、绝缘子型号建立雷击模型，雷电流设为负极性，计算得 19 号杆塔 C 相（同塔四回下层左上相）绕击耐雷水平为 8.0kA，通过 EGM 算得最大绕击电流为 28.0kA。图 4-29 中 3 号雷电满足 19 号杆塔 C 相绕击闪络条件。

3. 分析结论

综上所述，此次故障为雷电绕击所致，跳闸过程为：序号 3 的雷电绕击 19 号杆塔 C 相（同塔四回下层左上相）导线，超过其绕击耐雷水平，过电压产生的雷电冲击电弧转化为工频电弧，电弧烧伤双联绝缘子两端均压环，在 C 相导线与横担挂点间形成放电通道，放电电流继续沿塔身传播至塔脚、架空地线，导致 C 相单相接地短路故障，保护动作使断路器 C 相跳闸，后续重合闸动作并成功。

4.2.2 雷电反击导致单相接地故障

1. 故障简况

2022 年 6 月 10 日 15 时 55 分，某 110kV 交流输电线路 A 相（左边相）故障跳闸，故障测距距离小号侧变电站 2.261km，距离大号侧变电站 31.556km，故障区段为 18～20 号杆塔，重合闸不成功。18 时 27 分，试送成功，恢复运行。

2. 故障原因分析

（1）雷电监测结果。经查询雷电监测系统，故障时段前后 1min 内、线路半径 5km 范围内有 1 个落雷记录，在 19 号杆塔附近，雷电流幅值为 89.2kA，距离仅 852m，与故障情况非常吻合。故障时段雷电监测系统查询结果如图 4-34 所示。

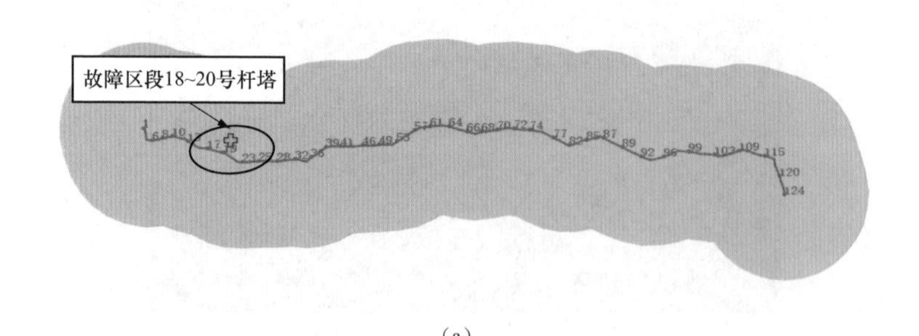

（a）

图 4-34　某 110kV 交流输电线路故障时段雷电监测系统查询结果（2022 年 6 月 10 日 15 时）（一）

（a）故障时段全线雷电分布

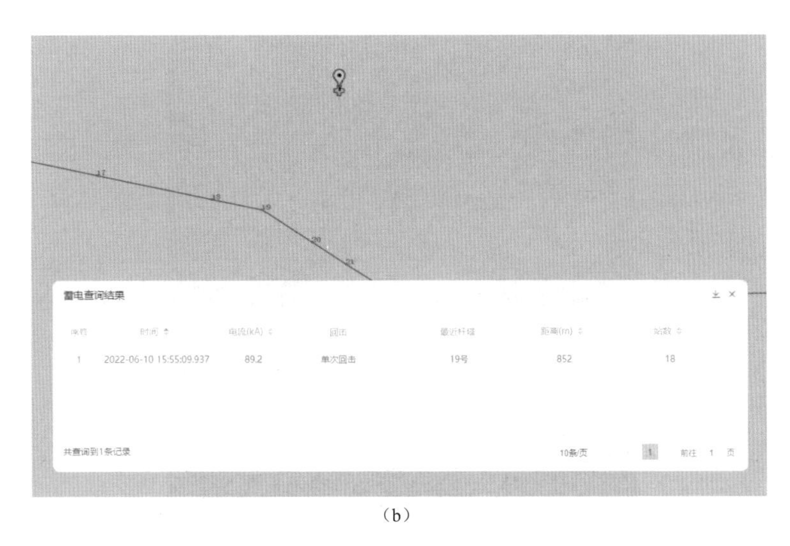

（b）

图 4-34　某 110kV 交流输电线路故障时段雷电监测系统查询结果（2022 年 6 月 10 日 15 时）（二）

（b）故障时段故障点附近雷电

（2）现场巡视。经现场巡视，发现 18 号杆塔 A 相（左边相）的横担塔材、绝缘子、防振锤发现放电痕迹，确认 18 号杆塔为故障塔，对故障杆塔及临近塔位接地电阻测量，基塔开展接地电阻测量，测量值均符合要求，具体数据如表 4-3 所示。

表 4-3　　　　18 号故障杆塔及临近塔位接地电阻测量值

杆塔编号	接地电阻实测值（Ω）				检查结果
	A 腿	B 腿	C 腿	D 腿	
14	1.12	1.08	1.09	1.07	合格
15	1.04	1.06	1.09	1.11	合格
16	1.06	1.08	1.10	1.09	合格
17	1.08	1.08	1.06	1.07	合格
18	1.05	1.09	1.07	1.04	合格
19	1.04	1.08	1.06	1.04	合格
20	1.10	1.09	1.08	1.05	合格
21	1.09	1.11	1.07	1.08	合格
22	1.03	1.07	1.09	1.04	合格

该塔位于山顶，杆塔详情如图 4-35～图 4-37 所示，杆塔上放电痕迹如图 4-38～图 4-40 所示。根据放电痕迹，判断放电通道为横担至绝缘子伞盘，再到导线防振锤，如图 4-41 所示。

图 4-35　18 号杆塔全塔

图 4-36　18 号杆塔小号侧通道

图 4-37　18 号杆塔大号侧通道

图 4-38　18 号杆塔 A 相横担放电痕迹

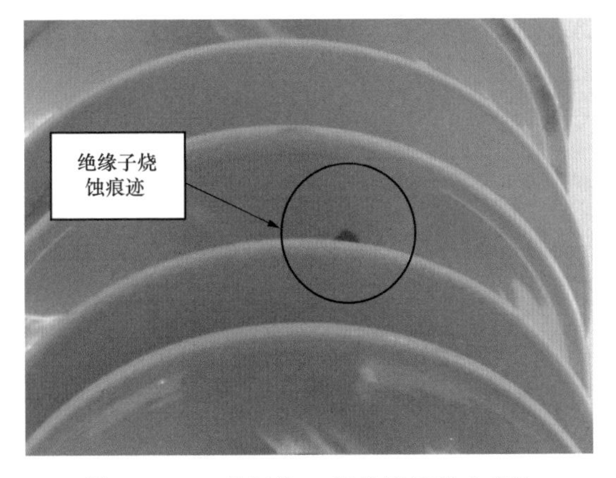

图 4-39　18 号杆塔 A 相绝缘子放电痕迹

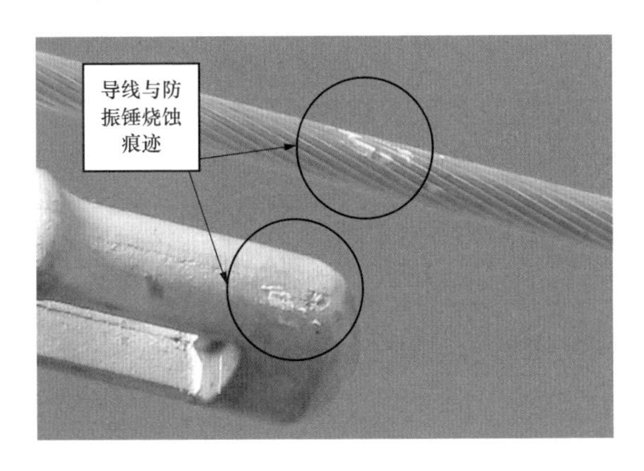

图 4-40　18 号杆塔 A 相防振锤放电痕迹

图 4-41　18 号杆塔 A 相放电通道

（3）仿真分析。在 ATP/EMTP 仿真程序中，根据故障塔型结构、绝缘子型号建立雷击模型，雷电流设为正极性。根据运行经验，平原地区 110kV 交流输电线路最大绕击电流 I_{sk} 在 10～20kA 范围，考虑斜坡地形后 I_{sk} 增大，极端情况可达到 60. 0kA 左右。经过仿真计算，该塔最大绕击电流为 46kA，反击耐雷水平为 65.0kA。

图 4-34 中序号 1 的雷电流幅值为 89.2kA，超过 18 号杆塔 A 相最大绕击电流，满足反击闪络条件，排除绕击闪络可能。

3. 分析结论

综上所述，此次故障为雷电反击所致，跳闸过程为：序号 1 的雷电击中该 110kV 输电线路 18 号杆塔塔顶或架空地线，超过杆塔反击耐雷水平，过电压造成 A 相（左边相）反击，雷电冲击电弧转化为工频电弧，电弧灼烧 A 相横担挂点塔材、绝缘子和导线防振锤，发生单相接地短路故障，保护动作使断路器 A 相跳闸，后续重合闸不成功。

4.2.3　雷电反击导致多回同跳故障

1. 故障简况

2021 年 8 月 3 日 9 时 16 分，某同塔双回 110kV 交流输电线路一回线 B 相（左中相）、二回线 B 相（右上相）、C 相（右中相）跳闸。故障测距距离小号侧变电站为 24.14km，距离大号侧变电站 23.63km，故障区段为 31 号～32 号杆塔，重合失败。

2. 故障原因分析

（1）雷电监测结果。经查询雷电监测系统，故障时段前后 1min、故障区段半径 5km 范围内共有 8 个落雷。其中序号 1 的雷电流幅值为－119.8kA，发生时间和位置与故障情况十分吻合。其后的约半秒时间内，有多达 7 次后续回击，平均每次后续回击时间间隔为 70ms。故障时段雷电监测系统查询结果如图 4-42 所示。

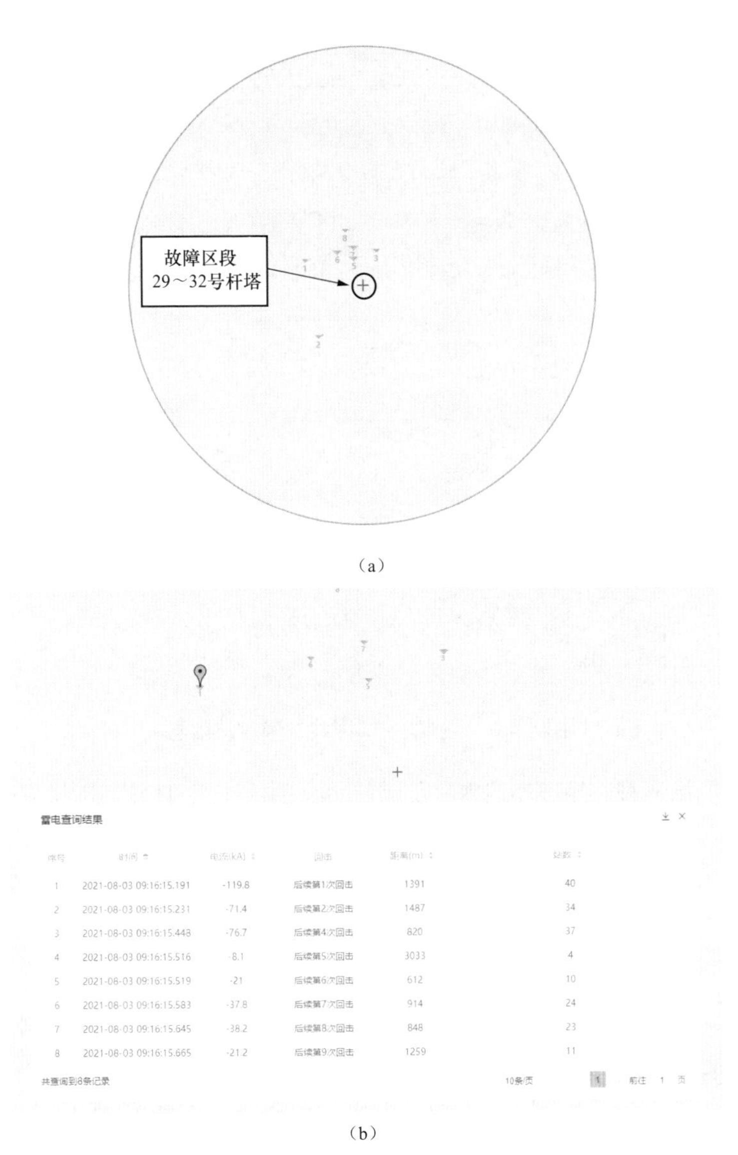

序号	时间	电流(kA)	回击	距离(m)	站数
1	2021-08-03 09:16:15.191	-119.8	后续第1次回击	1391	40
2	2021-08-03 09:16:15.231	-71.4	后续第2次回击	1487	34
3	2021-08-03 09:16:15.448	-76.7	后续第4次回击	820	37
4	2021-08-03 09:16:15.516	-8.1	后续第5次回击	3033	4
5	2021-08-03 09:16:15.519	-21	后续第6次回击	612	10
6	2021-08-03 09:16:15.583	-37.8	后续第7次回击	914	24
7	2021-08-03 09:16:15.645	-38.2	后续第8次回击	848	23
8	2021-08-03 09:16:15.665	-21.2	后续第9次回击	1259	11

（b）

图 4-42　某 110kV 交流输电线路故障时段雷电监测系统查询结果（2021 年 8 月 3 日 9 时）

（a）故障区段雷电分布；（b）故障时段故障点附近雷电

（2）故障录波监测结果。大号侧变电站站内一回线、二回线故障录波如图4-43所示，通过站内故障录波分析，故障时刻为2021年8月3日9时16分15秒191毫秒，一回线故障相别为B相，短路类型为单相（B相）接地，重合不成功；二回线故障相别为B、C相，短路类型为双相（B、C相）接地，重合不成功。

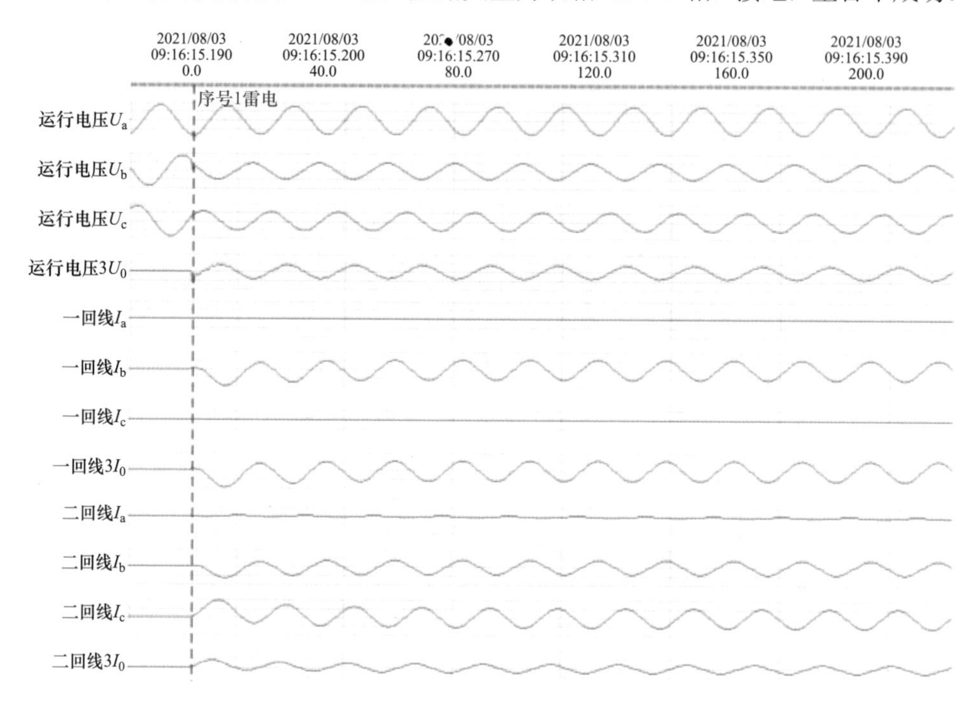

图4-43 一回线、二回线故障录波信息

（3）现场巡视。经现场巡视，发现一回线31号杆塔B相（同塔双回左中相）跳线复合绝缘子下均压环有缺口；二回线31号杆塔B相（同塔双回右上相）复合绝缘子上、下均压环有缺口，C相（同塔双回右中相）玻璃绝缘子有放电痕迹，确定故障杆塔为此基杆塔。故障杆塔位于山坡上，此两回110kV输电线路1号～53号为全线同杆双回，其中一回线在面大号方向左侧，二回线在面大号方向右侧，该杆塔故障跳闸的相别情况如图4-44所示，杆塔上的放电痕迹如图4-45～图4-47所示。31号杆塔B相放电通道为跳线复合绝缘子串两端均压环之间，C相放电通道为耐张玻璃绝缘子串端部至跳线复合绝缘子串下端均压环之间，如图4-48

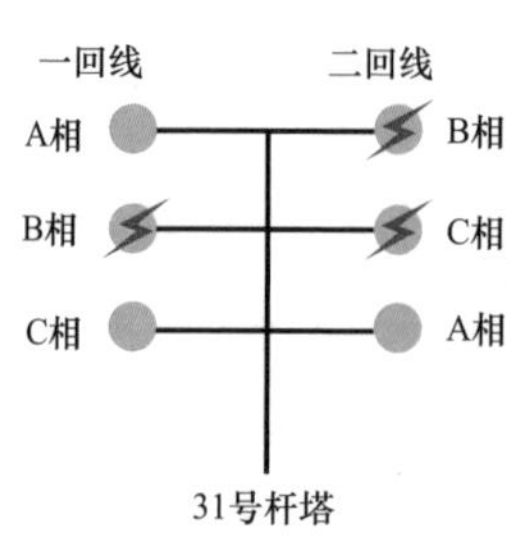

图4-44 31号杆塔故障相别示意图

和图 4-49 所示。

图 4-45 一回线 31 号杆塔 B 相下均压环缺口

图 4-46 二回线 31 号杆塔 B 相上下均压环放电痕迹

图 4-47 二回线 31 号杆塔 C 相下均压环缺口与玻璃绝缘子放电痕迹

图 4-48　一回线 31 号杆塔 B 相放电通道

图 4-49　二回线 31 号杆塔 C 相放电通道

（4）仿真分析。在 ATP/EMTP 仿真程序中，根据故障塔型结构、绝缘子型号建立雷击模型，雷电流设为负极性。根据故障录波监测结果，故障发生时 A 相绝缘子串电压位于最小值附近，相角为 180°（余弦），因为雷电流极性为负，故此时 A 相反击耐雷水平最高，B、C 相反击耐雷水平相对较低。逐步调整雷电流幅值，观察各相绝缘闪络情况，最终得出 31 号杆塔反击耐雷水平，如表 4-4 所示，即一回线 31 号杆塔 B 相（右上相）单独发生闪络时的反击耐雷水平为 64kA，31 号杆塔一回线 B 相（左中相）和二回线 B 相（右上相）同时发生闪络时的反击耐雷水平为 78kA，31 号杆塔一回线 B 相（左中相）和二回线 B 相（右上相）、C 相（右中相）同时发生闪络时的反击耐雷水平为 101kA。

表 4-4　　31 号杆塔反击耐雷水平计算

闪络相	B2	B2/B1	B2/B1/C2
耐雷水平（kA）	64	78	101

当雷电流幅值为－119.8kA 的雷电击中塔顶时，此时 31 号杆塔一回线 B 相（左中相）和二回线 B 相（右上相）、C 相（右中相）发生同时闪络。

计算得该杆塔最大绕击电流 I_{sk} 为 32.0kA。当实际雷电流幅值 I_a 为－119.8kA 时，大于最大绕击电流，由此排除绕击可能。图 4-43 中 1 号雷电流幅值满足 31 号杆塔一回线 B 相（左中相）和二回线 B 相（右上相）、C 相（右中相）反击闪络条件。

由雷电监测结果可知，1 号雷电后续跟随多达 7 次后续回击，其中 2 号雷电流幅值为－71.4kA 的后续回击，发生在 1 号雷电 40ms 之后，间隔时间小于常规 110kV 输电线路重合闸时间，即重合闸尚未动作完成时，后续回击再次击中塔顶，造成去游离不充分，多次后续回击共同作用，造成无法完成去游离，从而导致重合闸失败。

3. 分析结论

综上所述，此次故障为雷电反击所致，跳闸过程为：序号 1 的雷电击中塔顶或架空地线，超过反击耐雷水平，造成 31 号杆塔一回线 B 相（左中相）以及二回线 B 相（右上相）、C 相（右中相）反击，雷电冲击电弧转化为工频电弧，电弧灼烧均压环、耐张绝缘子串，发生接地短路故障，保护动作使三相同时跳闸。同时由于此次雷电跟随 7 次后续回击，多次后续回击击中塔顶共同作用下，杆塔无法恢复绝缘，导致重合闸失败。

4.2.4 雷电反击导致避雷器保护失效

1. 故障简况

2021 年 8 月 4 日 7 时 28 分，某 110kV 同塔双回线保护动作，两回线路均发生 A、B、C 三相故障跳闸。故障测距距离一回线小号侧变电站 1.3km，为一回线 8 号～9 号杆塔段，重合成功；测距距离二回线大号侧变电站 8.75km，位于二回线 59 号～60 号杆塔段，重合成功。

2. 故障监测巡视信息

（1）雷电监测结果。经查询雷电监测系统，故障时段前后 1min、线路半径内 5km 内共有 2 个落雷，在二回线 54 号～55 号杆塔段。其中序号 2 的落雷雷电流幅值为－384.1kA，发生时间与故障时间完全一致，定位最近杆塔在55号，距离为816m。故障时段雷电监测系统查询结果如图4-50所示。

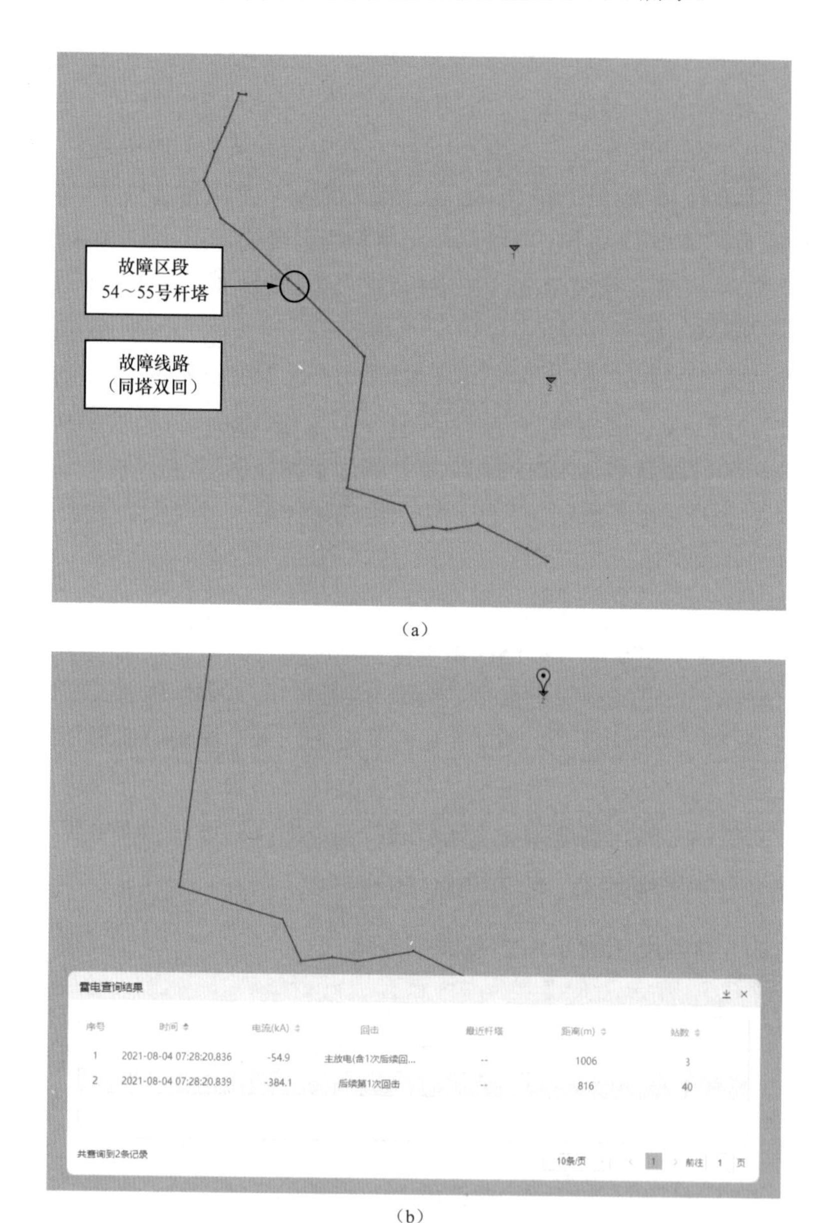

（a）

（b）

图4-50 某110kV交流输电线路故障时段雷电监测系统查询结果（2021年8月4日7时）

（a）故障时段全线雷电分布；（b）故障时段故障点附近雷电

（2）现场巡视。经现场巡视，发现一回线 9 号杆塔 C 相绝缘子上、下均压环明显放电痕迹，下均压环出现缺口；二回线 65 号杆塔（与一回线 9 号杆塔同塔）C 相上均压环有明显放电痕迹，导线出现明显放电痕迹，确定故障位置为此基杆塔。二回线共计 73 基杆塔，48～73 号杆塔与一回线 26～1 号同杆双回架设。该杆塔位于山坡，故障跳闸的相别情况如图 4-51 所示，其中两条线路上、中两相均已安装避雷器。杆塔周边环境如图 4-52 所示，一回线 9 号杆塔 C 相上、下均压环放电痕迹如图 4-53～图 4-56 所示。根据放电痕迹判断，两回线路上、中两相经避雷器形成放电通道，没有损伤到导线及杆塔设备；一回线 9 号杆塔 C 相（同塔双回右下相）放电通道为绝缘子两端均压环之间，二回线 65 号杆塔 C 相（同塔双回左下相）放电通道为绝缘子上端均压环至导线。

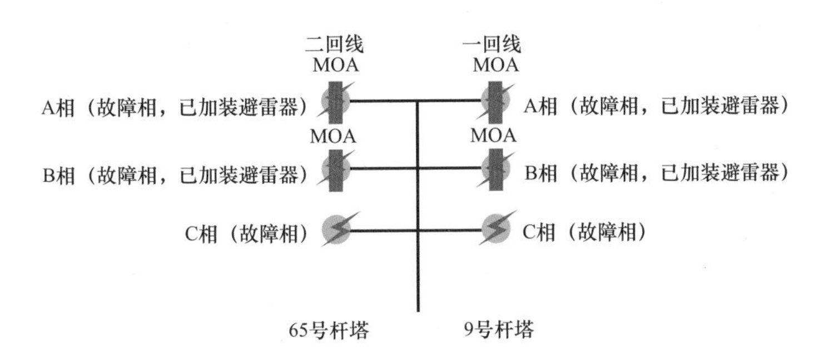

图 4-51　一回线 9 号/二回线 65 号杆塔故障位置及相别

图 4-52　杆塔周边环境

图 4-53　一回线 9 号杆塔 C 相上、下均压环放电痕迹

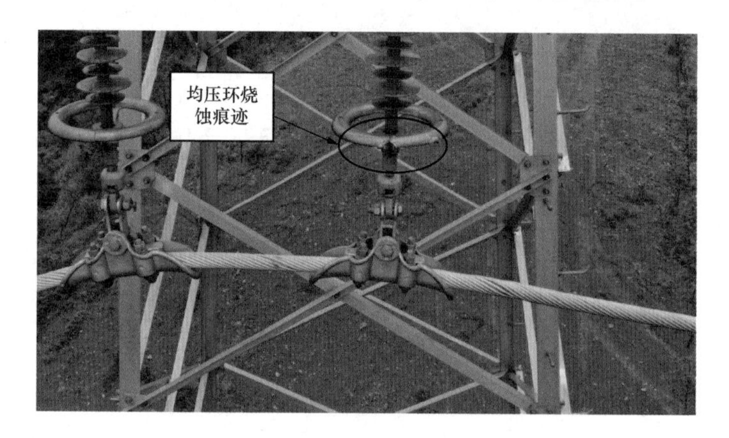

图 4-54　一回线 9 号杆塔 C 相下均压环缺口

图 4-55　二回线 65 号杆塔 C 相上均压环放电痕迹

图 4-56 二回线 65 号杆塔 C 相导线放电痕迹

（3）仿真分析。在 ATP/EMTP 仿真程序中，根据故障塔型结构、绝缘子型号建立雷击模型，雷电流设为负极性，对该杆塔进行仿真建模计算，逐步调整雷电流幅值及电压相角，观察绝缘闪络情况，最终得到杆塔两回线路 A、B、C 三相同时闪络时的反击耐雷水平为 120.0kA。同时计算得该杆塔最大绕击电流 I_{sk} 为 32.0kA，当实际雷电流幅值 I_a 为－384.1kA 时，大于最大绕击电流，由此排除绕击可能。图 4-50 中 2 号雷电流幅值满足一回线 9 号/二回线 65 号杆塔反击闪络条件。

3. 分析结论

综合上述，此次故障为雷电反击所致，跳闸过程为：序号 2 的落雷击中杆塔塔顶或架空地线，超过杆塔反击耐雷水平，泄流过程中引起两回线路 C 相（下相）悬垂复合绝缘子击穿，过电压产生的雷电冲击电弧转化为工频电弧，电弧灼伤绝缘子串均压环，在 C 相导线与横担挂点间形成放电通道，导致两回线路 C 相接地短路，保护动作跳闸，后续重合动作成功。同时两回线路 A、B 两相（上、中两相）安装的 4 支避雷器正确动作，通过避雷器泄流，因为此次雷击电流极大，达到了－384.1kA，超过避雷器正常灭弧能力，避雷器灭弧不充分，导致 A、B 相也出现接地短路，保护动作使之跳闸，后续重合动作成功。

5　中压架空配电线路雷击故障

中压架空配电线路耐雷水平较低，且多数无架空地线，不仅会受到直击雷影响，雷击线路附近产生的感应过电压也可能造成线路绝缘子闪络。特别是10kV配电线路，大部分雷击故障是由感应雷引起的。配电线路杆塔上设备多样，环境复杂，存在不同形式的故障特征。由于配电线路一般无精确的时钟、故障定位，给运维人员的故障分析工作造成一定困难。

5.1　35kV交流配电线路

5.1.1　雷击导致导线断线故障

1. 故障简况

2020年8月20日14时，某35kV交流配电线路跳闸，强送失败。

2. 原因分析

（1）雷电监测结果。经查询雷电监测系统，2020年8月20日14时前后1min、线路半径5km范围内共有10个落雷，雷电监测系统查询结果如图5-1所示，其中序号3的雷电（雷电流幅值−61.4kA）在故障杆塔附近，最近距离为917m。

（2）现场巡视。经现场巡视发现线路23号杆塔A相跳线因雷击导致断线，雷击断线故障如图5-2所示。

（3）仿真分析。在ATP/EMTP仿真程序中，根据故障塔型结构、绝缘子型号建立雷击模型，雷电流设为负极性，仿真得到故障杆塔故障相绕击耐雷水平为2.1kA，反击耐雷水平为36.0kA，经过计算最大绕击电流I_{sk}为68.5kA，造成此次故障的雷电流幅值为61.4kA，造成故障的雷电流幅值I_a满足$I_1 < I_a < I_{sk}$条件，可以击中A相导线并引起导线断线。结合现场巡视结果，判定此次故障为雷击断线。

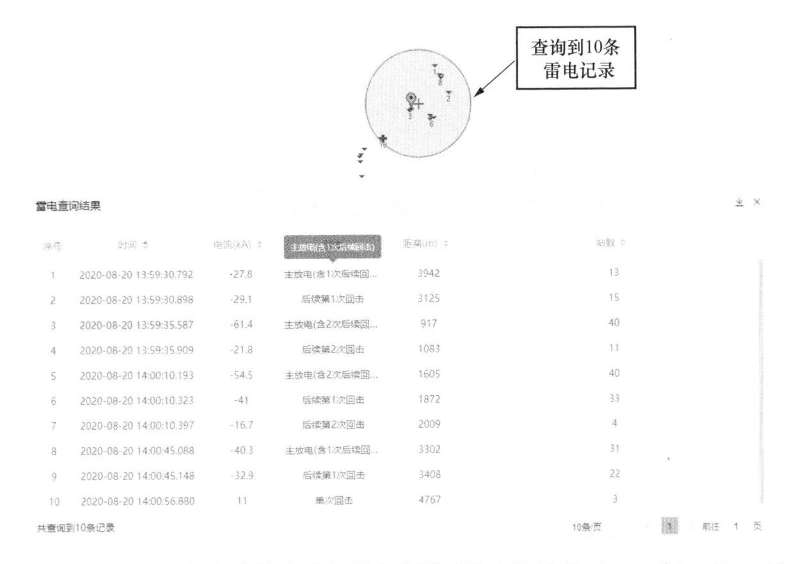

雷电查询结果

序号	时间	电流(kA)	主放电(含1次后续回击)	距离(m)	站数
1	2020-08-20 13:59:30.792	-27.8	主放电(含1次后续回...	3942	13
2	2020-08-20 13:59:30.898	-29.1	后续第1次回击	3125	15
3	2020-08-20 13:59:35.587	-61.4	主放电(含2次后续回...	917	40
4	2020-08-20 13:59:35.909	-21.8	后续第2次回击	1083	11
5	2020-08-20 14:00:10.193	-54.5	主放电(含2次后续回...	1605	40
6	2020-08-20 14:00:10.323	-41	后续第1次回击	1872	33
7	2020-08-20 14:00:10.397	-16.7	后续第2次回击	2009	4
8	2020-08-20 14:00:45.088	-40.3	主放电(含1次后续回...	3302	31
9	2020-08-20 14:00:45.148	-32.9	后续第1次回击	3408	22
10	2020-08-20 14:00:56.880	11	单次回击	4767	3

共查询到10条记录　　10条/页　1　前往 1 页

图 5-1　某 35kV 交流配电线路故障时段雷电监测系统查询结果（2020 年 8 月 20 日 14 时）

3. 分析结论

综上所述，判断该次故障为序号 3 的雷电（雷电流幅值－61.4kA）击中 A 相导线，雷电流的热效应和冲击力造成线路断线。

图 5-2　雷击断线故障

5.1.2　雷击进线段导致站内主变压器损坏

1. 故障简况

2022 年 3 月 16 日 15 时整，某变电站 35kV 1 号主变压器低压侧 51 断路器保护启动，1 号主变压器低压侧 51 断路器、母线分段 61 断路器跳闸，35kV 3 号母线发生故障被跳闸隔离，站内断路器跳闸，重合不成功。

2. 原因分析

（1）雷电监测结果。经查询雷电监测系统，3 月 16 日 15 时前后 1min、线路半径 5km 范围内共有 18 个落雷，雷电监测系统查询结果如图 5-3 所示，其中序号 1 的雷电（雷电流幅值－52.5kA）在故障线路附近，最近距离为 851m。

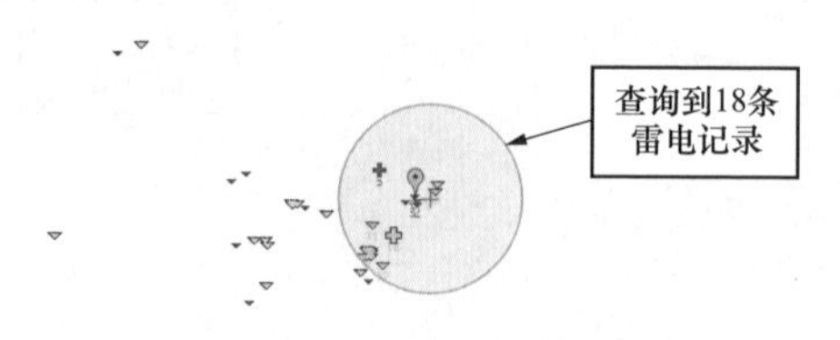

雷电查询结果

序号	时间	电流(kA)	回击	距离(m)	站数
1	2022-03-16 14:59:21.232	−52.5	单次回击	851	40
2	2022-03-16 14:59:36.244	−67.9	主放电(含2次后续回...	738	40
3	2022-03-16 14:59:36.284	−36.5	后续第1次回击	1424	36
4	2022-03-16 14:59:36.325	−47.7	后续第2次回击	841	40
5	2022-03-16 14:59:42.771	10.2	单次回击	3215	3
6	2022-03-16 15:00:12.606	−5.4	后续第1次回击	443	4
7	2022-03-16 15:00:33.963	−53.5	主放电(含2次后续回...	838	40
8	2022-03-16 15:00:34.028	−31	后续第1次回击	4559	29
9	2022-03-16 15:00:34.101	−19.1	后续第2次回击	4733	11
10	2022-03-16 15:00:38.088	−31.3	主放电(含9次后续回...	4431	31

共查询到18条记录　　10条/页　1　2　前往　1　页

图 5-3　某 35kV 交流配电线路故障时段雷电监测系统查询结果（2022 年 3 月 16 日 15 时）

（2）现场巡视。经现场巡视，站内 3 号电压互感器柜烧毁，3 号母线跳闸，该母线所接负荷全停，电压互感器柜烧毁，如图 5-4 所示。

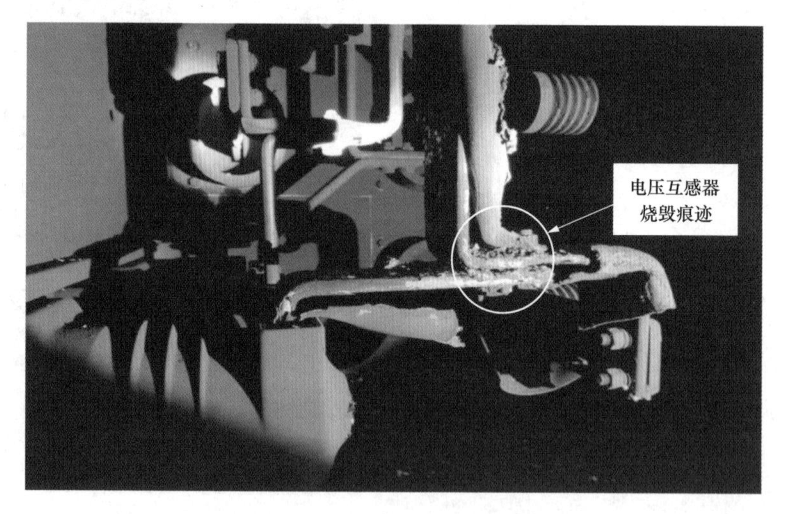

图 5-4　3 号电压互感器柜烧毁

（3）仿真分析。在 ATP/EMTP 仿真程序中，根据故障塔型结构、绝缘子型号、站内设备型号，建立雷击模型，对变电站进线段和站内设备进行仿真计算，雷电波入侵变电站仿真模型如图 5-5 所示，其中 TV 为电压互感器，TA 为电流互感器，G 为接地，D 为隔离断路器，T 为变压器，MOV 为避雷器。计算得到

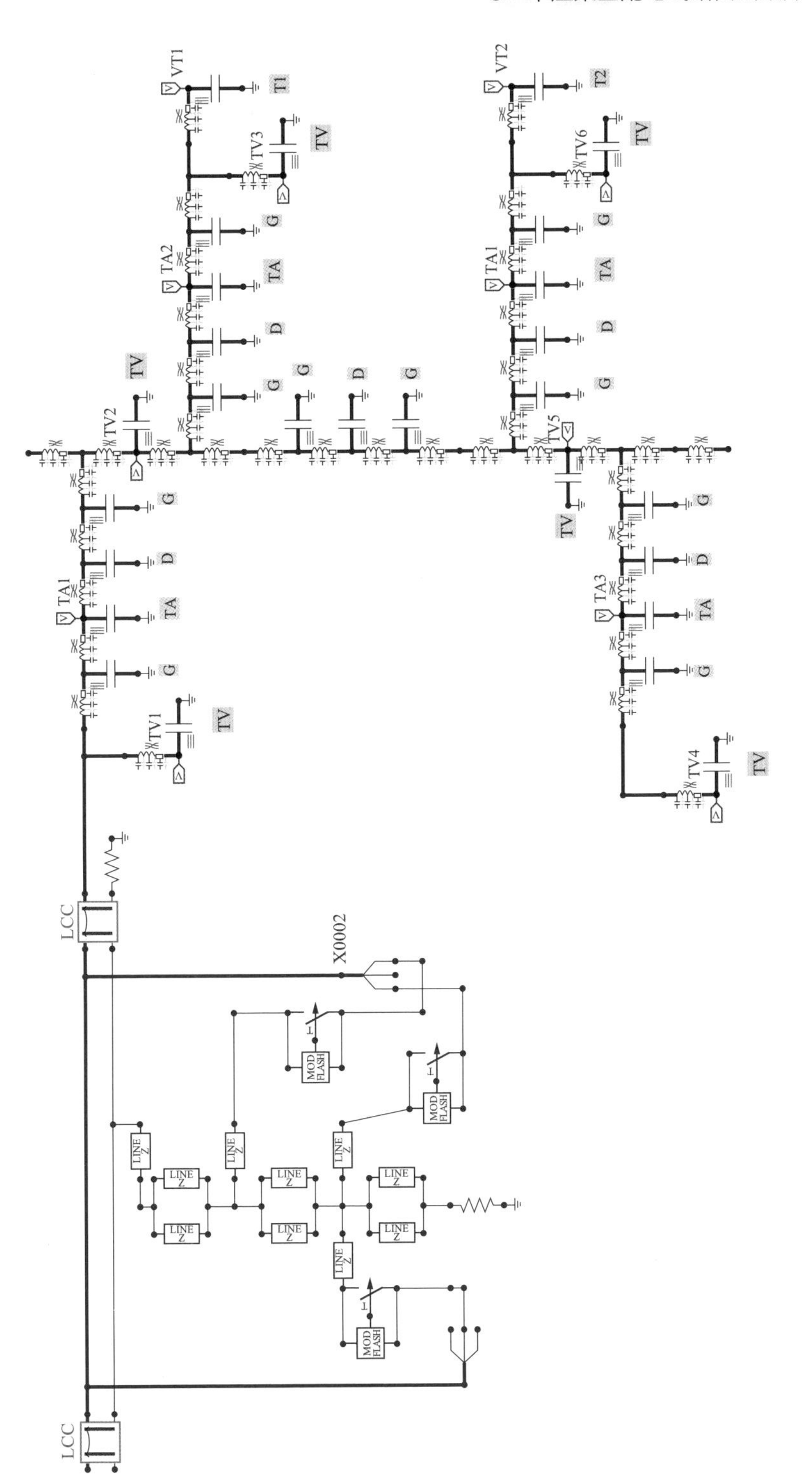

图 5-5 雷电波入侵变电站仿真模型

1 号杆塔耐雷水平为 22.3kA，序号 1 的雷电满足故障条件，且入侵站内的雷电流在电压互感器上产生的过电压达到 410kV，超过电压互感器耐雷水平。

3. 分析结论

综上所述，判断此次故障为序号 1 的雷电（雷电流幅值－52.5kA）击中变电站进线段，造成侵入波引起站内电压互感器过电压故障。

5.1.3 雷击造成多回同跳故障

1. 故障简况

2021 年 9 月 5 日 16 时 43 分，某 35kV 交流配电线路甲、线路乙、线路丙跳闸，重合成功。线路甲 34 号杆塔、线路乙 28 号杆塔、线路丙 23 号杆塔同杆架设。

2. 原因分析

（1）雷电监测结果。经查询雷电监测系统，故障时段前后 1min、线路半径 5km 范围内共有 4 个落雷，雷电查询情况如图 5-6 所示，序号 2 的雷电（雷电流幅值为－47.3kA）在故障杆塔附近。

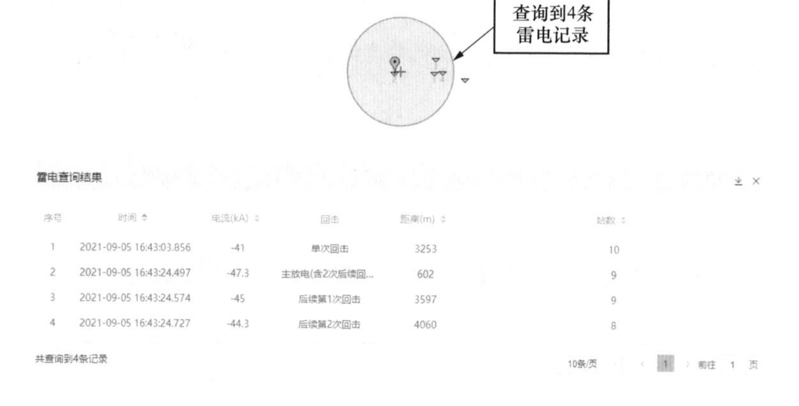

序号	时间	电流(kA)	回击	距离(m)	站数
1	2021-09-05 16:43:03.856	-41	单次回击	3253	10
2	2021-09-05 16:43:24.497	-47.3	主放电(含2次后续回...	602	9
3	2021-09-05 16:43:24.574	-45	后续第1次回击	3597	9
4	2021-09-05 16:43:24.727	-44.3	后续第2次回击	4060	8

图 5-6 某 35kV 交流配电线路故障时段雷电监测系统查询结果（2021 年 9 月 5 日 16 时）

（2）现场巡视。经现场巡视，线路甲 23 号杆塔 A、B、C 三相，线路乙 34 号杆塔 A、B、C 三相，线路丙 28 号杆塔 A、B 两相绝缘子发现闪络痕迹，图 5-7 为线路甲 23 号杆塔 C 相绝缘子闪络痕迹。

（3）仿真分析。在 ATP/EMTP 仿真程序中，根据故障塔型结构、绝缘子型号建立雷击模型，雷击杆塔仿真模型如图 5-8 所示。计算得到线路多相耐雷水平 44.1kA，序号 2 的雷电满足多相闪络条件。

图 5-7 线路甲 23 号杆塔 C 相绝缘子闪络痕迹

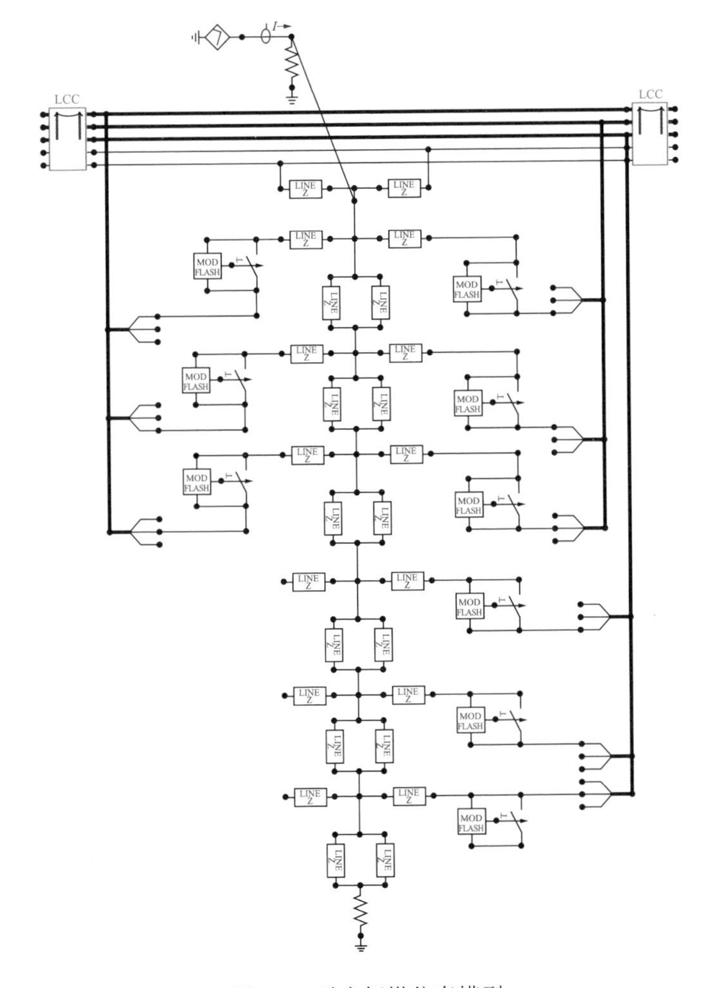

图 5-8 雷击杆塔仿真模型

3. 分析结论

综上所述，判断该次故障为序号 2 的雷电（雷电流幅值−47.3kA）击中杆塔，超过杆塔多相闪络耐雷水平，造成线路多回同跳。

5.2 10kV 交流配电线路

5.2.1 雷击柱上变压器导致线路故障

1. 故障简况

2020 年 7 月 2 日 13 时 31 分某 10kV 交流配电线路断路器跳闸，重合成功。

2. 原因分析

（1）雷电监测结果。经查询雷电监测系统，7 月 2 日 13 时 31 分前后 1min、线路半径 5km 范围内共有 6 个落雷，雷电监测系统查询结果如图 5-9 所示，其中序号 6 的雷电（雷电流幅值−100.3kA）在故障杆塔附近，最近距离为 1507m。

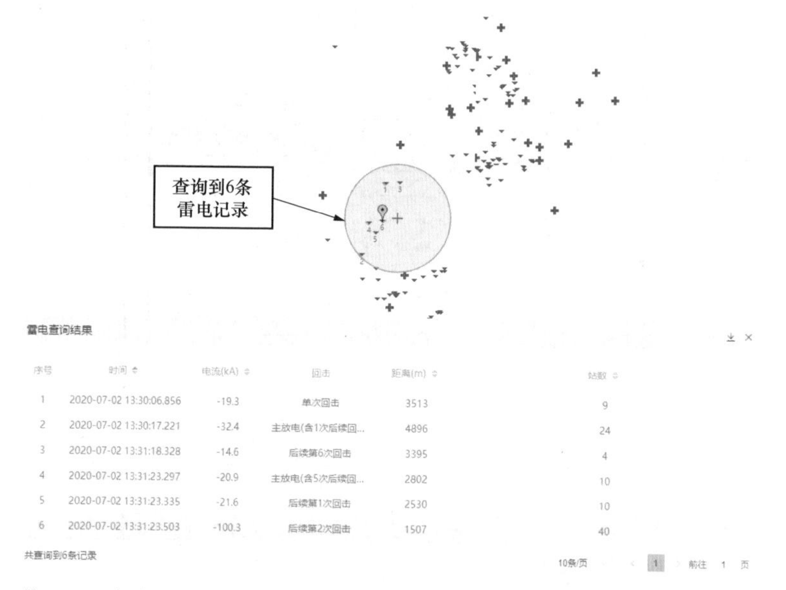

序号	时间	电流(kA)	回击	距离(m)	站数
1	2020-07-02 13:30:06.856	-19.3	单次回击	3513	9
2	2020-07-02 13:30:17.221	-32.4	主放电(含1次后续回...	4896	24
3	2020-07-02 13:31:18.328	-14.6	后续第6次回击	3395	4
4	2020-07-02 13:31:23.297	-20.9	主放电(含5次后续回...	2802	10
5	2020-07-02 13:31:23.335	-21.6	后续第1次回击	2530	10
6	2020-07-02 13:31:23.503	-100.3	后续第2次回击	1507	40

共查询到6条记录　10条/页　1　前往 1 页

图 5-9　某 10kV 交流配电线路故障时段雷电监测系统查询结果（2020 年 7 月 2 日 13 时）

（2）现场巡视。经现场巡视，故障点为线路途经的某小区电压互感器，电压互感器遭受雷击故障，如图 5-10 所示。

（3）仿真分析。在 ATP/EMTP 仿真程序中，根据故障塔型结构、绝缘子型号建立雷击模型，得到线路反击耐雷水平为 7.2kA，绕击耐雷水平为 0.7kA，感应雷耐雷水平为 30kA，序号 6 的雷电满足故障条件。

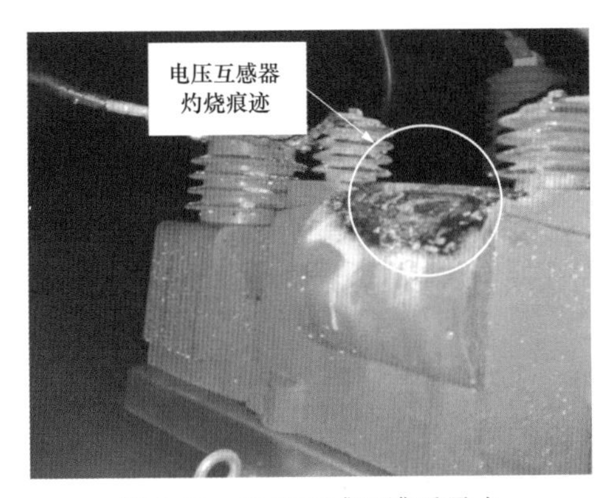

图 5-10 电压互感器遭受雷击

3. 分析结论

综上所述，判断该次故障为序号 6 的雷电（雷电流幅值－100.3kA）造成的电压互感器损坏事故。

5.2.2 雷击导致导线断线故障

1. 故障简况

2020 年 8 月 20 日 13 时 41 分，某 10kV 交流配电线路 209 断路器跳闸。

2. 原因分析

（1）雷电监测结果。经查询雷电监测系统，8 月 20 日 13 时 41 分前后 1min、线路半径 5km 范围内共有 5 个落雷，雷电监测系统查询结果如图 5-11 所示，其中序号 3 的雷电（雷电流幅值－16.6kA）在故障杆塔附近，最近距离为 1238m。

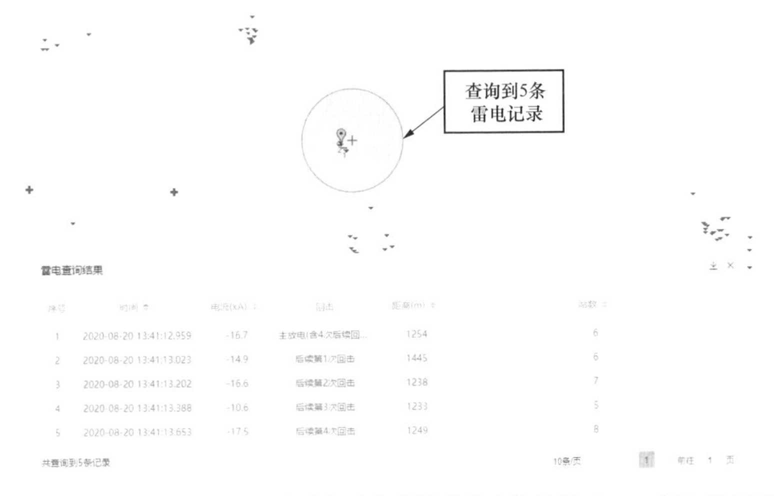

序号	时间	电流(kA)	回击	距离(m)	站数
1	2020-08-20 13:41:12.959	-16.7	主放电(含4次后续回...	1254	6
2	2020-08-20 13:41:13.023	-14.9	后续第1次回击	1445	6
3	2020-08-20 13:41:13.202	-16.6	后续第2次回击	1238	7
4	2020-08-20 13:41:13.388	-10.6	后续第3次回击	1233	5
5	2020-08-20 13:41:13.653	-17.5	后续第4次回击	1249	8

图 5-11 某 10kV 交流配电线路故障时段雷电监测系统查询结果（2020 年 8 月 20 日 13 时）

（2）现场巡视。经现场巡视，28～29 号杆塔间导线断线，排除断线故障恢复全线供电，雷击导线导致断线故障如图 5-12 所示。

（3）仿真分析。在 ATP/EMTP 仿真程序中，根据故障塔型结构、绝缘子型号建立雷击模型，得到线路反击耐雷水平为 6.5kA，绕击耐雷水平为 0.8kA，感应雷耐雷水平为 28.0kA，序号 3 的雷电满足故障条件。

图 5-12　雷击导线导致断线故障

3. 分析结论

综上所述，判断该次故障为序号 3 的雷电（雷电流幅值－16.6kA）造成的断线事故。

5.2.3　雷击柱上断路器导致线路故障

1. 故障简况

2020 年 7 月 30 日 18 时 1 分，某 10kV 交流配电线路故障跳闸。

2. 原因分析

（1）雷电监测结果。经查询雷电监测系统，7 月 30 日 18 时 1 分前后 1min、线路半径 5km 范围内共有 11 个落雷，雷电监测系统查询结果如图 5-13 所示，其中序号 4 的雷电（雷电流幅值－55.8kA）在故障杆塔附近，最近距离为 1136m。

（2）现场巡视。经现场巡视，23 号杆塔断路器出线线夹由于雷击发生故障，并造成某支线断路器跳闸，雷击断路器故障如图 5-14 所示。

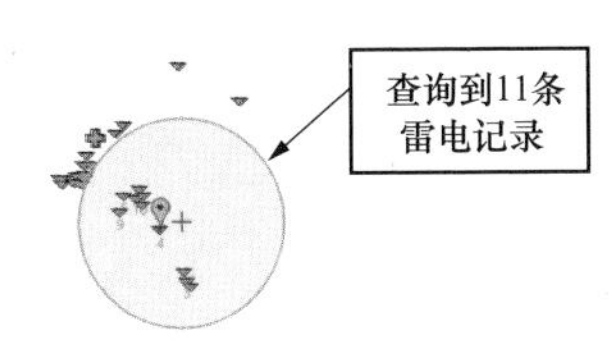

雷电查询结果

序号	时间	电流(kA)	回击	距离(m)	站数
1	2020-07-30 18:00:39.833	-23.9	后续第3次回击	2392	13
2	2020-07-30 18:00:39.877	-18.4	后续第4次回击	3163	14
3	2020-07-30 18:00:40.023	-52	后续第6次回击	2870	40
4	2020-07-30 18:01:15.500	-55.8	主放电(含6次后续回...	1136	40
5	2020-07-30 18:01:15.590	-32.6	后续第1次回击	2086	31
6	2020-07-30 18:01:15.619	-20.1	后续第2次回击	3121	11
7	2020-07-30 18:01:15.672	-50	后续第3次回击	2275	40
8	2020-07-30 18:01:15.716	-20.1	后续第4次回击	2607	12
9	2020-07-30 18:01:15.742	-11.9	后续第5次回击	3089	5
10	2020-07-30 18:01:16.337	-35.8	后续第6次回击	2473	27

共查询到11条记录　　10条/页　1 2 > 前往 1 页

图 5-13　某 10kV 交流配电线路故障时段雷电监测系统查询结果（2020 年 7 月 30 日 18 时）

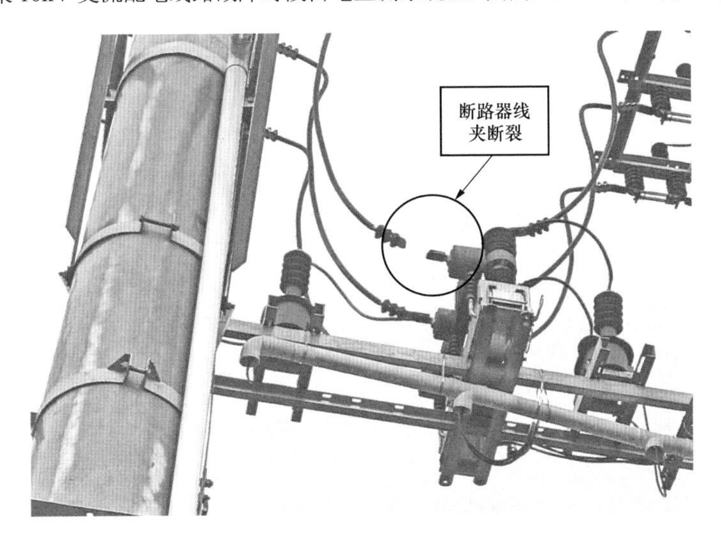

图 5-14　雷击断路器故障

（3）仿真分析。在 ATP/EMTP 仿真程序中，根据故障塔型结构、绝缘子型号建立雷击模型，得到线路反击耐雷水平为 6.8kA，绕击耐雷水平为 0.7kA，感应雷耐雷水平为 35.0kA，序号 4 的雷电满足故障条件。

3. 分析结论

综上所述，判断该次故障为序号 4 的雷电（雷电流幅值－55.8kA）击中柱上断路器，雷电流的热效应和冲击力造成断路器损坏。

5.2.4　感应雷导致线路故障

1. 故障简况

2021 年 6 月 2 日 1 时 26 分，某 10kV 交流配电线路跳闸。

2. 原因分析

（1）雷电监测结果。经查询雷电监测系统，6 月 2 日 1 时 26 分前后 1min、线路半径 5km 范围内共有 8 个落雷，雷电监测系统查询结果如图 5-15 所示，其中序号 1 的雷电（雷电流幅值−65.2kA）在故障杆塔附近。

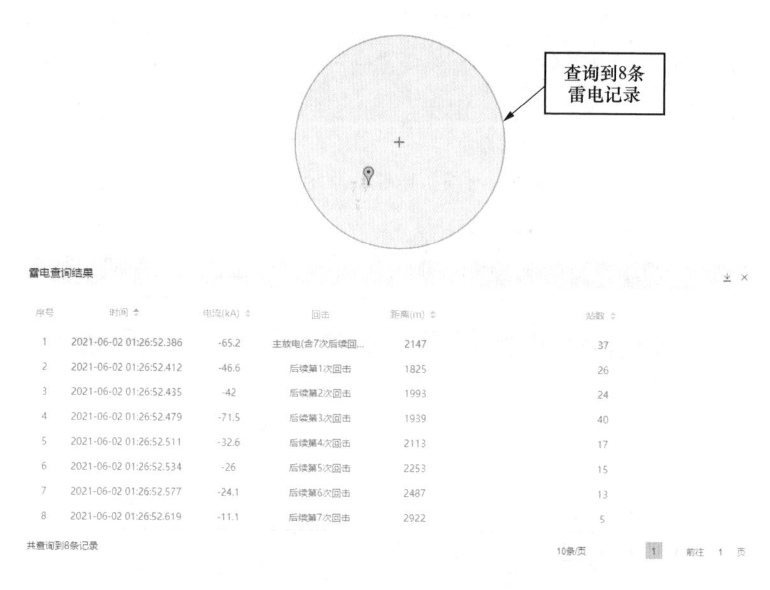

序号	时间	电流(kA)	回击	距离(m)	站数
1	2021-06-02 01:26:52.386	-65.2	主放电(含7次后续回...	2147	37
2	2021-06-02 01:26:52.412	-46.6	后续第1次回击	1825	26
3	2021-06-02 01:26:52.435	-42	后续第2次回击	1993	24
4	2021-06-02 01:26:52.479	-71.5	后续第3次回击	1939	40
5	2021-06-02 01:26:52.511	-32.6	后续第4次回击	2113	17
6	2021-06-02 01:26:52.534	-26	后续第5次回击	2253	15
7	2021-06-02 01:26:52.577	-24.1	后续第6次回击	2487	13
8	2021-06-02 01:26:52.619	-11.1	后续第7次回击	2922	5

共查询到8条记录　　10条/页　1　前往 1 页

图 5-15　某 10kV 交流配电线路故障时段雷电监测系统查询结果（2021 年 6 月 2 日 1 时）

（2）现场巡视。经现场巡视，发现 27 号杆塔绝缘子有闪络痕迹，临近一树木雷击倒下，断口处有雷击痕迹，判断为雷击地面树木造成感应雷引起 27 号杆塔绝缘子闪络，雷击树木引起的感应雷造成绝缘子闪络如图 5-16 所示。

（3）仿真分析。在 ATP/EMTP 仿真程序中，根据故障塔型结构、绝缘子型号、雷击点与线路距离建立雷击模型，得到线路反击耐雷水平为 6.2kA，绕击耐雷水平为 0.7kA，感应雷耐雷水平为 31.0kA，序号 1 的雷电满足故障条件。

图 5-16　雷击树木引起的感应雷造成 27 号杆塔绝缘子闪络

（a）线路旁被雷电击倒的树木；（b）绝缘子闪络

3. 分析结论

综上所述，判断该次故障为序号 1 的雷电（雷电流幅值－65.2kA）击中线路旁树木，产生的感应雷过电压造成绝缘子闪络，引起跳闸。

附录A　利用雷电监测系统查询线路雷击点

雷电监测系统是一套全自动、大面积、高精度、实时雷电监测系统，能实时遥测并显示地闪的时间、位置、雷电流峰值、极性和回击次数等参数。

雷电监测系统主要由探测站、数据处理及系统控制中心、用户系统3部分构成，具有高探测效率、高定位精度、大容量处理能力、高可靠性、高安全性、支持跨平台功能、标准化的开放接口、探测站安装便捷、维护方便等特点，主要应用于雷击故障定位、雷电实时活动、雷电参数统计、雷害风险评估等。

雷电监测系统常用的应用功能包括系统主界面、雷电查询、雷电统计。

A.1　系统主界面

雷电监测系统主界面分为主图区、功能菜单区、地图管理区、时间选择与显示区和图例5大模块，系统主界面五大模块示意图如图A.1所示。

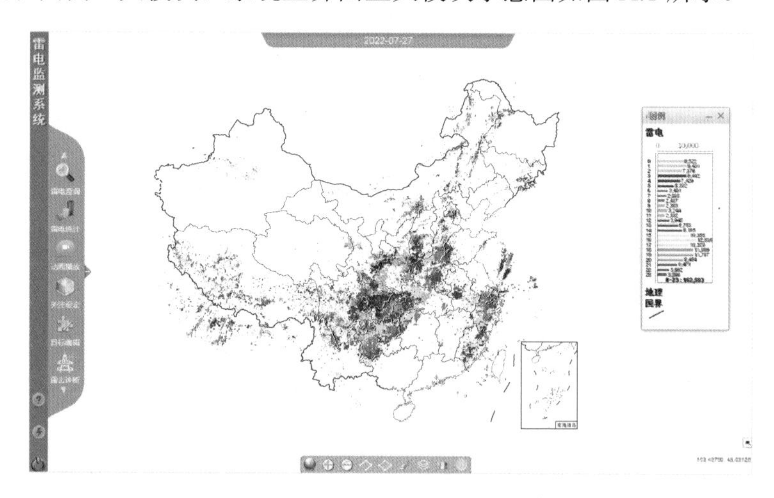

图A.1　雷电监测系统主界面五大模块示意图

（1）主图区。在地图的背景上，显示雷电的活动情况，以及电力线路、变电站与探测站等信息。

（2）功能菜单区。可以实现雷电查询与统计、线路查询与编辑、变电站查询与编辑、密码修改等功能。

（3）地图管理区。从左至右依次为地图平移、地图复原、地图放大、地图缩小、距离测量、面积测量、清理屏幕、图层管理、图例管理、信息热激活工具按钮。

（4）时间选择与显示区。用来选择历史时间范围，包括年、月、日、时、分、秒，可以切换到实时时间。

（5）图例。显示当前主图区内容的图例。

A.2 雷电查询

雷电查询模块主要用于查询线路或变电站在设定的查询条件下的落雷信息，以及在地图上指定区域内的落雷信息，该模块主要包括线路查询、变电站查询、区域查询、圆查询、矩形查询和多边形查询功能。下面以线路查询为例，说明雷电查询功能的使用方法。

点击【线路查询】按钮，弹出线路缓冲区雷电查询对话框，确定查询线路，输电线路走廊查询窗如图A.2所示。

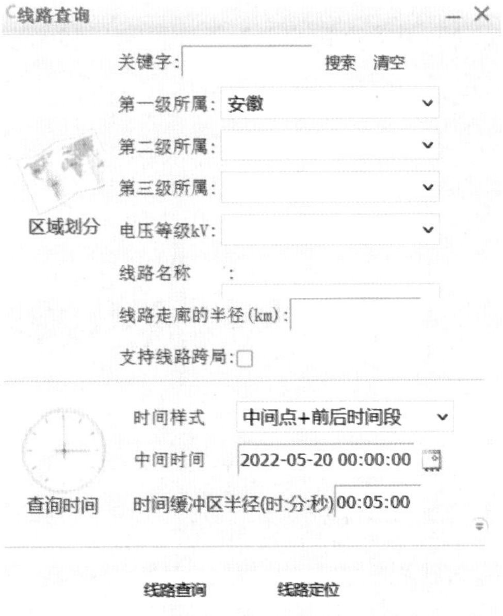

线路查询

关键字: 搜索 清空

第一级所属: 安徽

第二级所属:

第三级所属:

区域划分 电压等级kV:

线路名称 :

线路走廊的半径(km):

支持线路跨局:

时间样式 中间点+前后时间段

中间时间 2022-05-20 00:00:00

查询时间 时间缓冲区半径(时:分:秒) 00:05:00

线路查询 线路定位

图A.2 输电线路走廊查询窗

最后点击【线路查询】，则地图区显示该线路走廊及走廊内的雷电活动，输电线路走廊查询结果显示窗口如图A.3所示。

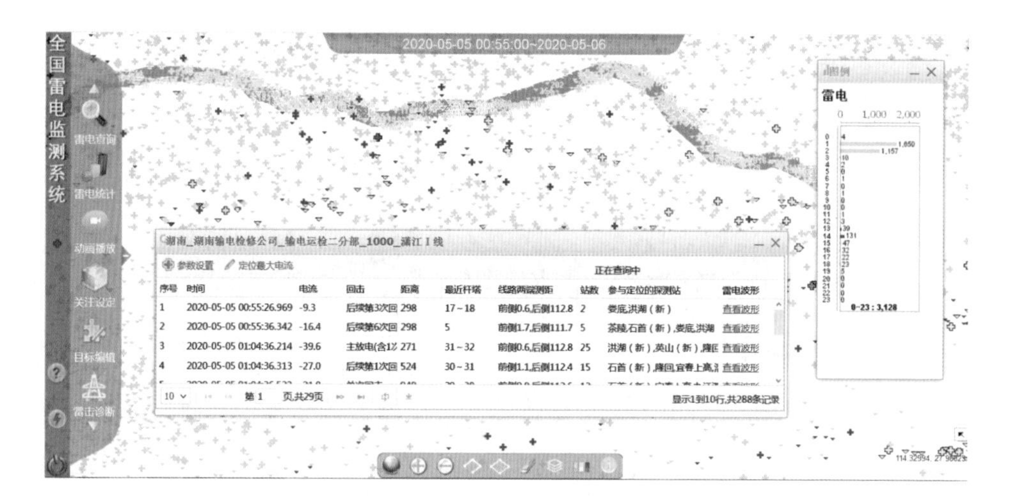

图 A.3　输电线路走廊查询结果显示窗口

地图上“＋”（正极性雷电）及“▽”（负极性雷电）为雷击点位置；灰色区域为线路缓冲区半径；查询结果为该线路走廊在该时间段内的雷电活动，信息输出区的“雷电信息查询”卡片显示该线路走廊内的雷电活动详情列表。

点击雷电记录最右侧的【查看波形】按钮，可以显示雷电电磁波波形显示框，数字式探测站波形显示框图如图 A.4 所示。

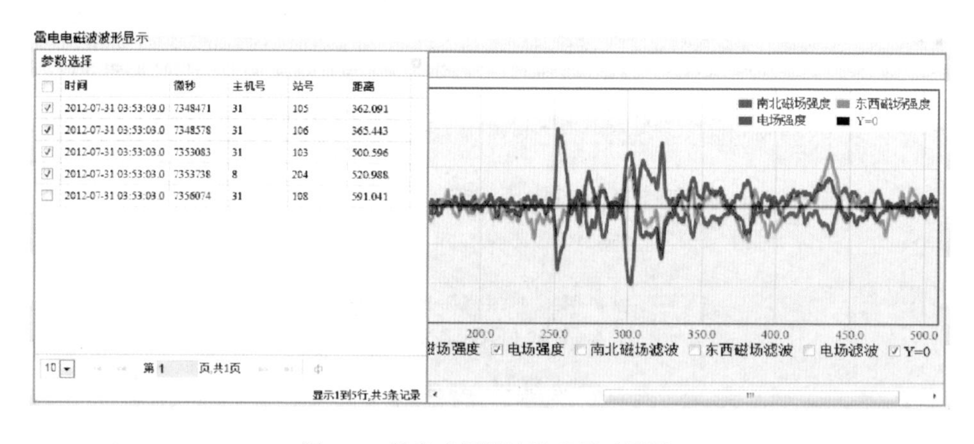

图 A.4　数字式探测站波形显示框图

A.3　雷电统计

雷电参数统计支持基于三级行政区和线路走廊 2 种不同空间对象的雷电参数统计功能。可以针对不同的统计范围的统计对象给出不同时间段范围的报表。

下面主要介绍线路雷电参数统计和落雷密度统计。

在雷电统计模块点击【线路统计】子功能模块，则在信息输出区会增加一个“线路统计”窗口，线路走廊雷电参数统计界面如图 A.5 所示。

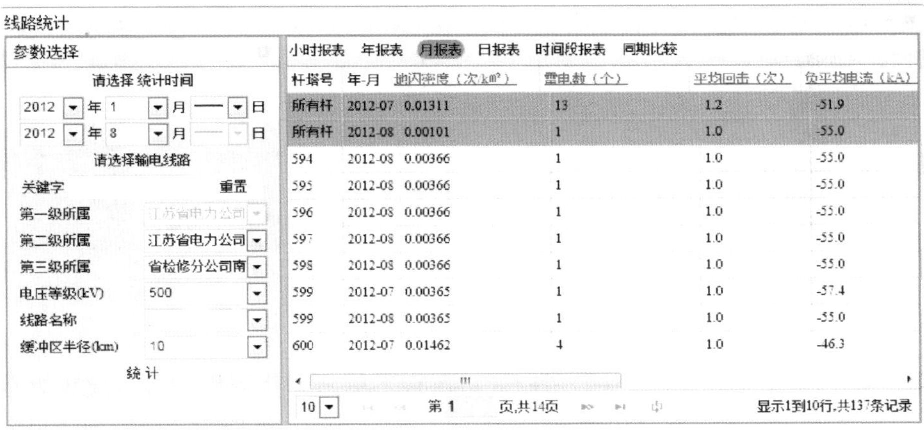
线路统计
参数选择
请选择统计时间
2012 年 1 月 日
2012 年 8 月 日
请选择输电线路
关键字
重置
第一级所属
江苏省电力公司
第二级所属
江苏省电力公司
第三级所属
省检修分公司南
电压等级(kV)
500
线路名称
缓冲区半径(km)
10
统计
小时报表
年报表
月报表
日报表
时间段报表
同期比较
杆塔号
年-月
地闪密度（次/km²）
雷电数（个）
平均回击（次）
负平均电流（kA）
所有杆 2012-07 0.01311 13 1.2 -51.9
所有杆 2012-08 0.00101 1 1.0 -55.0
594 2012-08 0.00366 1 1.0 -55.0
595 2012-08 0.00366 1 1.0 -55.0
596 2012-08 0.00366 1 1.0 -55.0
597 2012-08 0.00366 1 1.0 -55.0
598 2012-08 0.00366 1 1.0 -55.0
599 2012-07 0.00365 1 1.0 -57.4
599 2012-08 0.00365 1 1.0 -55.0
600 2012-07 0.01462 4 1.0 -46.3
10
第 1 页,共14页
显示1到10行,共137条记录

图 A.5　线路走廊雷电参数统计界面

左侧区域为线路走廊雷电参数统计的条件设置区。线路走廊雷电参数统计时，先在选定目标线路，并设定线路走廊的半径，然后设置统计的时间范围，点击【统计】按钮即可得到目标线路的雷电参数统计结果，如图 A.6 所示。

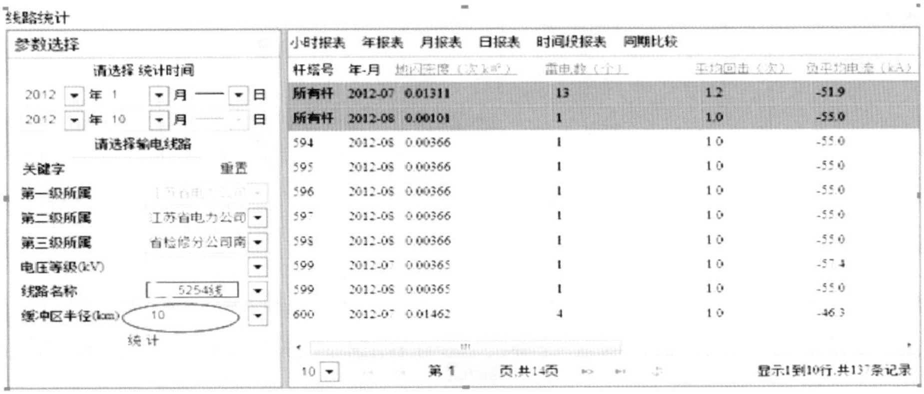
线路统计
参数选择
请选择统计时间
2012 年 1 月 日
2012 年 10 月 日
请选择输电线路
关键字
重置
第一级所属
第二级所属
江苏省电力公司
第三级所属
省检修分公司南
电压等级(kV)
线路名称
5254线
缓冲区半径(km)
10
统计
小时报表
年报表
月报表
日报表
时间段报表
同期比较
杆塔号
年-月
地闪密度（次/km²）
雷电数（个）
平均回击（次）
负平均电流（kA）
所有杆 2012-07 0.01311 13 1.2 -51.9
所有杆 2012-08 0.00101 1 1.0 -55.0
594 2012-08 0.00366 1 1.0 -55.0
595 2012-08 0.00366 1 1.0 -55.0
596 2012-08 0.00366 1 1.0 -55.0
597 2012-08 0.00366 1 1.0 -55.0
598 2012-08 0.00366 1 1.0 -55.0
599 2012-07 0.00365 1 1.0 -57.4
599 2012-08 0.00365 1 1.0 -55.0
600 2012-07 0.01462 4 1.0 -46.3
10
第 1 页,共14页
显示1到10行,共137条记录

图 A.6　线路走廊雷电参数统计的结果

在查询结果栏最上面会有一些选项加下划线，点击该选项就会出现该参数的直方图，线路走廊雷电参数统计的地闪密度直方图如图 A.7 所示。

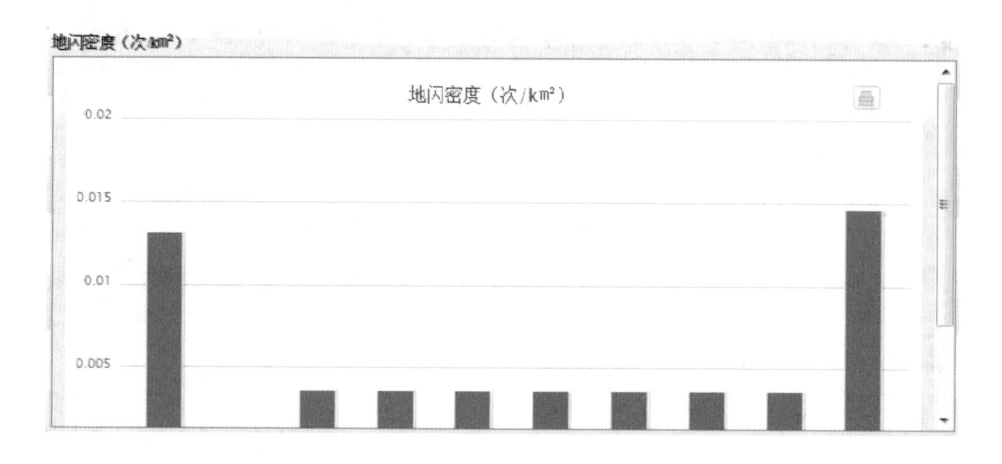

图 A.7　线路走廊雷电参数统计的地闪密度直方图

密度图功能模块是根据一段时间范围内不同地理位置发生雷电次数的不同，来分色在地图上显示落雷密度大小。

在雷电统计模块点击【密度图】子功能模块，会弹出密度图对话框，密度图信息输入界面如图 A.8 所示。

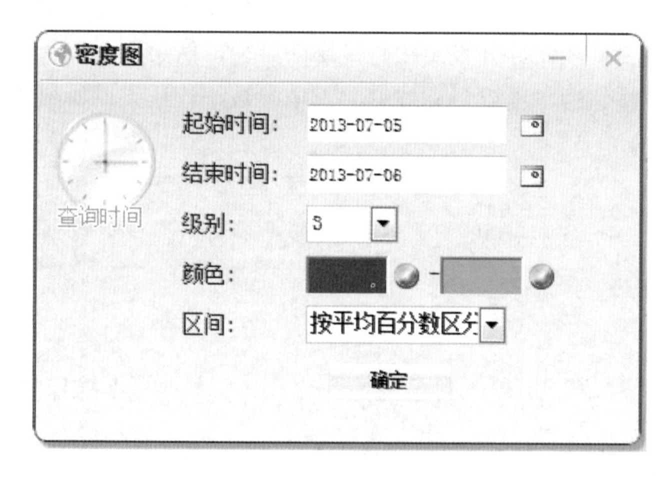

图 A.8　密度图信息输入界面

选择要查询落雷密度的时间范围，在“级别”选项中选择落雷密度级别数目，在颜色选择器中，点击取色按钮来为不同级别选取颜色，最后在“区分”选择栏选择区分方法，默认为按平均百分数区分模式，由绿色到红色分为三种落雷级别，在地图以不同颜色表示落雷密度大小，图 A.9 为 2022 年 7 月 28～29 日时间范围内的落雷密度查询结果显示。

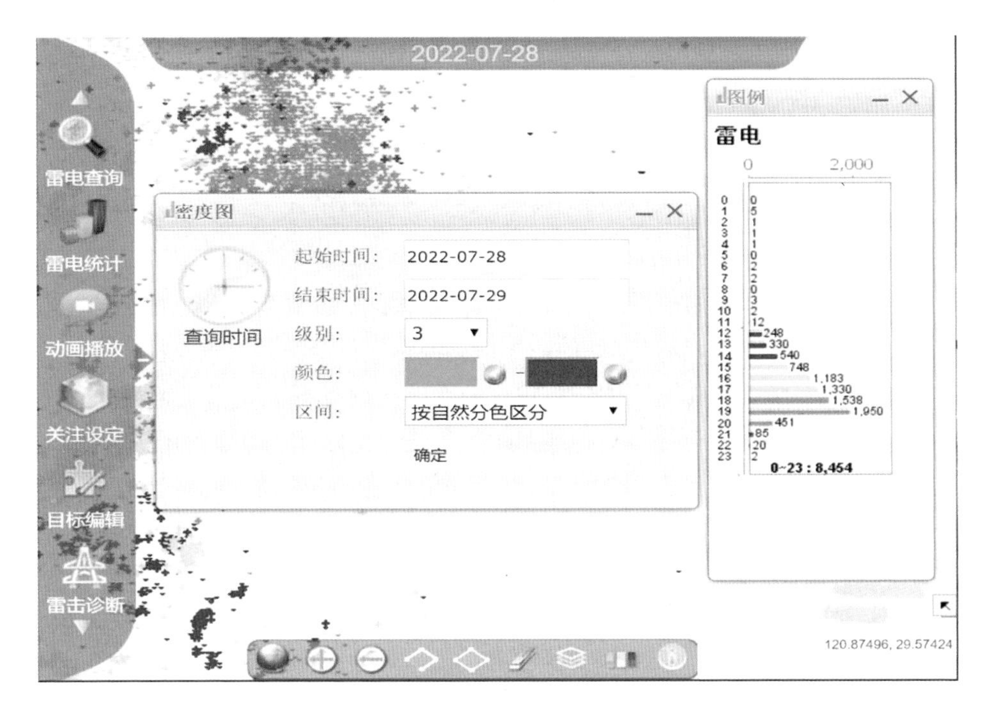

图 A.9　密度查询结果显示图

附录B 利用分布式行波监测系统查询判别雷击故障

分布式行波监测系统用于架空输电线路雷击故障的高效监测、快速辨识与精准定位，可为降低线路跳闸率的防护措施制定提供全面的数据支撑。

分布式行波监测系统是由分布式安装在输电线路导线上的监测终端及中心站、用户系统组成，可进行输电线路跳闸故障点定位及故障原因辨析的系统，通过故障形成的暂态行波特征进行识别，利用行波定位方法精确定位故障发生位置，可有效解决线路故障精确定位及故障原因辨识等问题，具有监测效率高、可靠性高、免维护时间长等优点。

分布式行波监测系统常用的应用模块包括故障查询、设备状态监测、统计报表和系统管理四个模块。

B.1 故障查询

故障查询模块包括故障查询、历史故障查询功能，主要用于查询线路故障信息、故障具体位置展示，以及历史故障信息。

（1）故障查询。通过选择线路、故障性质（绕击、反击和非雷击）、故障时间范围来获取故障时间、故障属地、线路、电压等级、故障原因、相别、故障杆塔、基准杆塔、距基准塔、区间起始塔、区间终止塔、距起始塔、报表等故障线路信息。选中一条故障线路，地图会跟随显示选择线路的详细地理分布信息。

在跳闸诊断窗口显示的故障数据中，点击某一条故障信息列表中的报表按钮，即可以进入该条故障信息的跳闸故障分析报表。报表中显示了单次故障的详细情况，并且显示具体是哪条线路的哪一个杆塔发生的什么类型的故障，以及故障发生的时间。通过故障诊断报表，可以了解该次故障详细的诊断过程，包括基于工频波形的故障预警与故障时刻判断、基于行波的单端或者双端精确。诊断的每个流程均有故障信息波形图，定位过程还包含行波线路传播示意图，故障分析报表如图B.1所示。

[illegible]故障分析报表

2017-06-02 14:55:05-0012316

故障基本情况

故障线路	故障属地	电压等级	线路全长	故障时间	故障杆塔	故障相别	故障原因
[illegible]	[illegible]	500kV	13290.0m	2017年06月02日 14:55:05	37号杆塔	C相	绕击

故障描述：[illegible] 2017年06月02日 14:55:05发生跳闸故障，故障杆塔为37号杆塔，故障性质为绕击。

[illegible]站　　1号杆塔　　37号杆塔　　40号杆塔

监测系统记录及分析

工频故障时刻分析

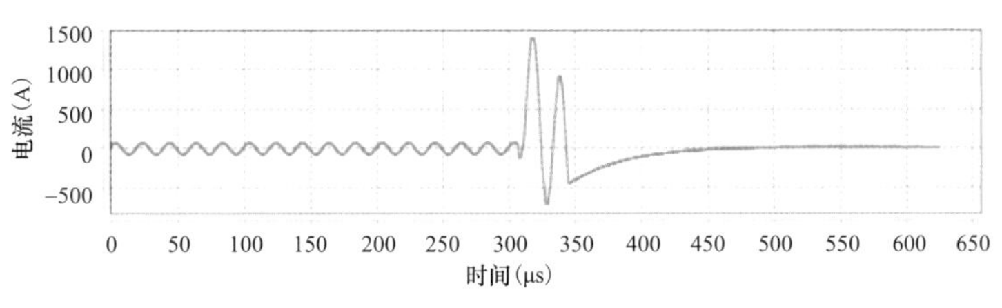

1号杆塔 工频故障电流波形
2017-06-02 14:55:05.320

系统记录：1号杆塔 记录到工频故障电流分闸波形，可判断[illegible] 2017-06-02 14:55:05.320发生故障跳闸。

行波故障定位分析

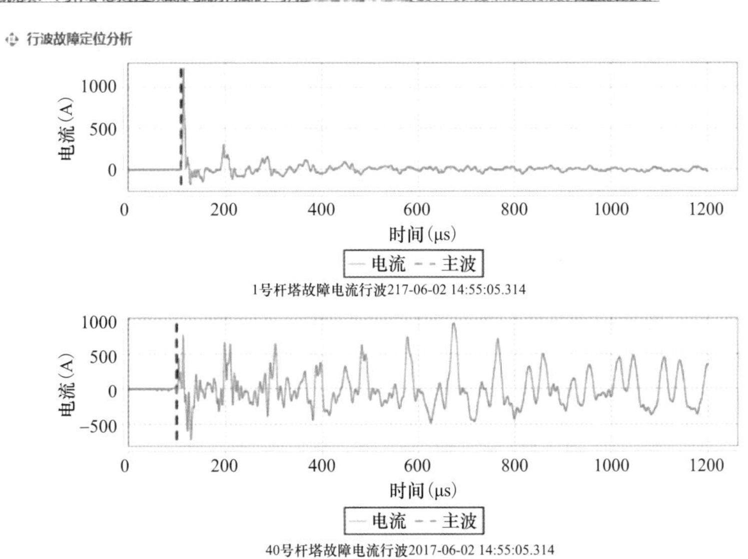

1号杆塔故障电流行波217-06-02 14:55:05.314

40号杆塔故障电流行波2017-06-02 14:55:05.314

图B.1　故障分析报表（一）

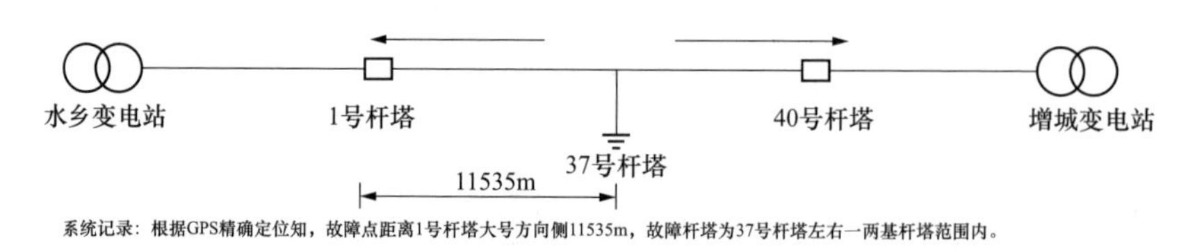

系统记录：根据GPS精确定位知，故障点距离1号杆塔大号方向侧11535m，故障杆塔为37号杆塔左右一两基杆塔范围内。

故障原因辨识

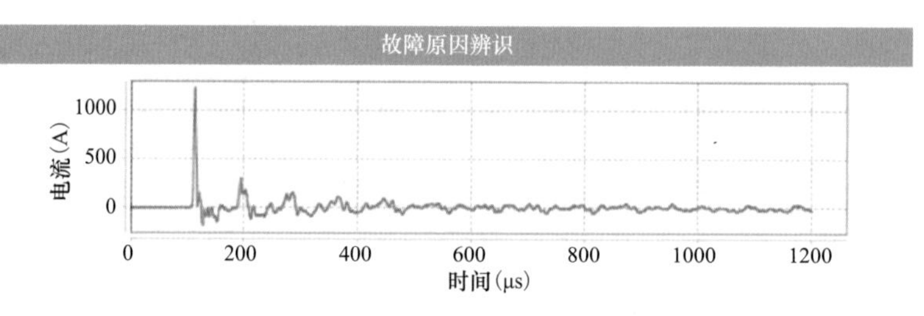

1号杆塔故障电流行波2017-06-02 14:55:05.314

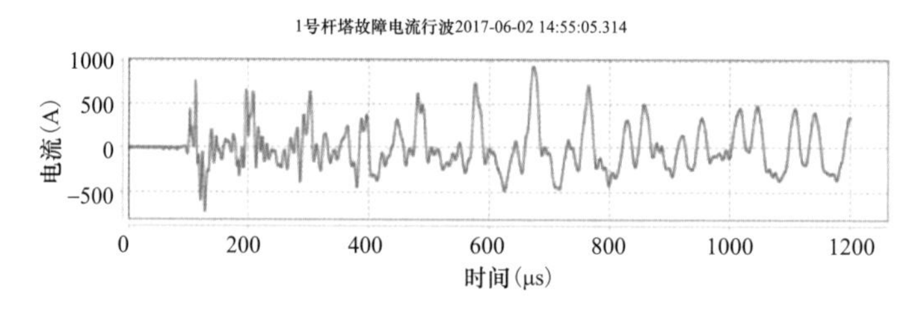

40号杆塔故障电流行波2017-06-02 14:55:05.314

系统记录：根据记录的电流行波可知行波波尾时间均小于40μs，符合雷击特征：行波电流起始位置无反极性脉冲，此次故障性质为绕击。

故障杆塔为37号杆塔，故障性质为绕击。根据反射波定位知，故障点距离1号杆塔大号方向侧11535m，故障杆塔为37号杆塔左右一两基杆塔范围内。行波波尾时间小于20μs，行波起始位置无反极性脉冲，故障性质绕击。

图 B.1 故障分析报表（二）

（2）历史故障查询。通过选择线路、故障性质（绕击、反击和非雷击）、故障时间范围来查询获取历史故障线路信息，可以点击报表功能，查看故障报表具体信息，历史故障查询如图 B.2 所示。

B.2 设备状态监测

设备状态监测包含设备工况查询、设备台账查询功能。

（1）设备工况查询。通过选择线路、起止时间来查询故障线路的负荷电流和互层电流等信息，设备工况查询结果如图 B.3 所示。

（2）设备台账查询。通过选择线路可以查询所属局的总设备数、单条线路的设备台数，通过设备状态判断设备是否正常或损坏，设备台账查询结果如 B.4 所示。

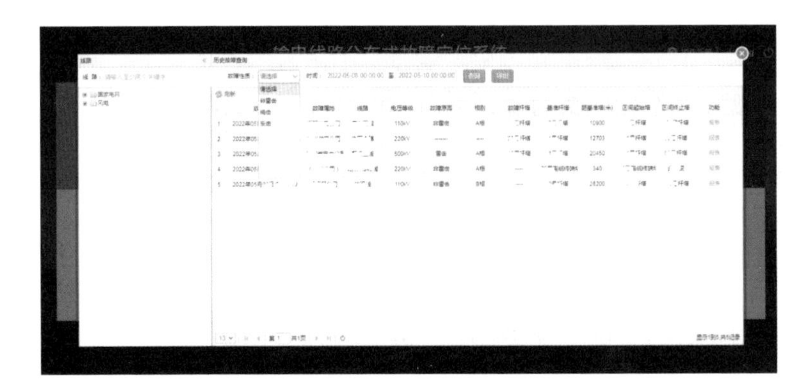

图 B.2　历史故障查询图

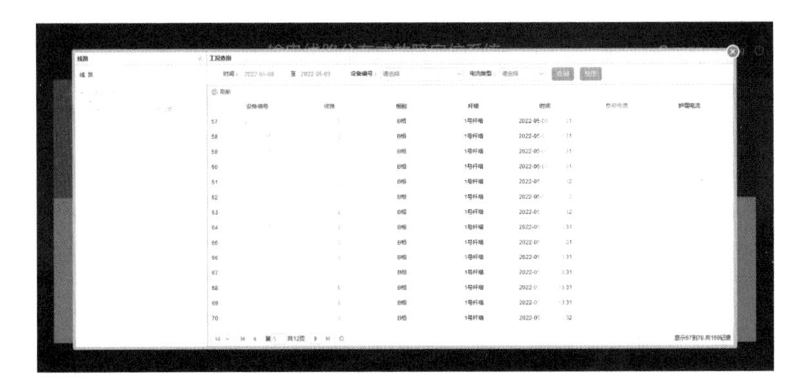

图 B.3　设备工况查询结果

图 B.4　设备台账查询结果

附录C 利用电磁暂态仿真程序计算线路耐雷水平

本书使用贝杰龙算法计算电磁暂态现象，该方法是一种数值计算法，是将特征线法与梯形法有机结合起来，既解决了计及分布参数线路波过程的求解问题，又考虑到集中参数线路的暂态过程。ATP/EMTP 软件是目前应用最为广泛的仿真软件之一。

ATP/EMTP 的基本计算过程：根据元件的不同特性，建立相应的代数方程、常微分方程和偏微分方程，利用梯形积分法将电感、电容、电源等集中参数元件化成电阻性网络，对于传输线等分布性参数利用其上的波过程的特征线方程，经过一定的转换，把分布参数的线段也等效为电阻性网络，则其相应的方程也变为代数方程，进一步形成节点导纳矩阵；然后采用优化结点编号技术和稀疏矩阵算法，以节点电压为未知量，利用矩阵三角分解求解，最后求得各支路的电流、电压和所有消耗的功率、能量。在稳态计算中应将非线性元件线性化，包括利用简单的迭代进行潮流计算。在暂态计算中非线性特性可以用分线段线性化来处理，也可进行迭代求解（即补偿法，就是将线性网络部分和非线性网络部分分开处理，使求解非线性电路的迭代计算限制在小部分网络中）。

（1）雷电流波形和雷电通道波阻抗。雷电流波形参数包括雷电流幅值、波头和波尾时间。雷电放电本身的随机性受到各地气象、地形和地质等诸多自然条件的影响，同时测量手段和技术水平各有差异，雷电流观测数据具有一定的分散性。统计结果表明，雷电流波头长度大多为 1.0～5.0μs，平均为 2.6μs，波长在 20～100μs，平均为 50μs。本书仿真选取 2.6/50.0μs 的标准雷电流双指数波作为雷电流源，在线路防雷设计中，雷电通道波阻抗常取 400Ω。

（2）输电线路模型。在雷电的冲击下，线路的电气参数与工频下的电气参数相比将发生很大的变化，如导线本身几何尺寸带来的电感及杂散电容等都将变得显著。

（3）杆塔模型。波阻抗法是将雷击杆塔后的注入电流波近似看作平面波，用集中波阻抗来描述注入电流波在杆塔中的传播过程，进而求取塔顶电位和绝缘子串两端电压的注入分量。多波阻抗在波阻抗理论的基础上，根据不同杆塔结构特征，将杆塔分解为多个波阻抗段，使得电流波在塔身内的折反射过程与实际情况更为一致。输电线路杆塔多波阻抗等效模型如图 C.1 所示。

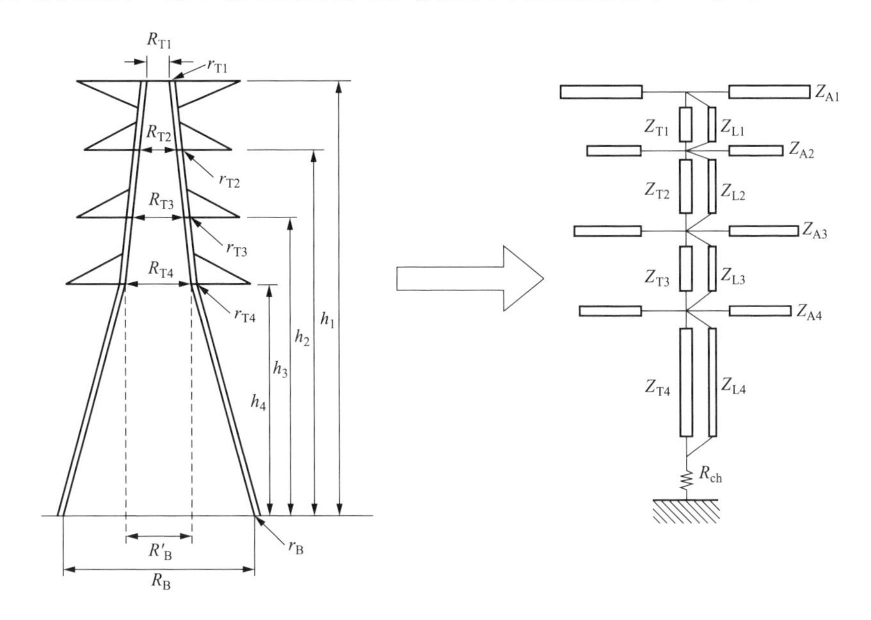

图 C.1　输电线路杆塔多波阻抗等效模型

（4）绝缘子闪络判据。当绝缘子串承受的冲击电压达到一定的时间，电场强度达到临界值时，先导开始发展，其速度随施加的电压和间隙剩余的长度而变化，当先导长度达到间隙长度时，间隙击穿，绝缘子串闪络。

（5）接地电阻模型。当线路杆塔遭受雷击时，雷电流流入接地体，接地体呈现为电阻态，为了方便工程使用，常采用固定值的冲击接地电阻。

ATP/EMTP 电磁暂态仿真模型可精确模拟线路暂态过程，精细化计算各相绕击耐雷水平及杆塔反击耐雷水平。因此，本书选择 ATP/EMTP 电磁暂态仿真模型作为分析线路及杆塔耐雷性能的主要手段。

附录D　利用电气几何模型计算线路绕击跳闸率

EGM计算方法是将雷电的放电特性与线路的结构尺寸联系起来而建立的一种几何分析计算方法，是一种全新的分析输电线路耐雷水平特性的方法，在防雷领域应用广泛。

EGM基本原理：由雷雨云向地面发展的先导放电通道头部到达被击物体的临界击穿距离（击距）以前，击中点是不确定的，先到达哪个物体的击距之内，即向该物体放电。击距的大小与先导头部的电位有关，因而与先导通道中的电荷有关，后者又决定了雷电流的幅值。因此，击距r与雷电流幅值I_m有直接关系，而与其他因素无关。

雷击输电线路的经典EGM如图D.1所示。图中S为架空地线；C为导线；h_s、h_c分别为架空地线、导线悬挂点高度；α为保护角；r_{sn}、r_{sk}、r_{sm}分别为架空地线在不同雷电流幅值下的击距半径；A_nB_n、A_kB_k、A_mB_m分别为架空地线对应条件下的屏蔽弧；r_{cn}、r_{ck}、r_{cm}分别为导线在不同雷电流幅值下的击距半径；B_nE_n、B_kE_k、B_mE_m分别为导线对应条件下的暴露弧；r_{gn}、r_{gk}、r_{gm}分别为大地在不同雷电流幅值下的击距半径；E_nF_n、E_kF_k、E_mF_m分别为大地对应条件下的屏蔽弧。

随着雷电流幅值的增大，击距半径也增大，当雷电流幅值超过一定范围时，架空地线屏蔽弧与地面屏蔽弧重合，即导线暴露弧B_mE_m弧长为零，从而对导线实现屏蔽，即雷电流将击中架空地线、杆塔或地面而不会击中导线。该雷电流幅值称为最大绕击电流，一般认为当幅值超过最大绕击电流时，不会发生绕击事件。

同时，绝缘子串自身具有一定的雷电耐受能力，只有当雷电流幅值大于绝缘子串耐受水平并且小于最大绕击电流时，绝缘子串才会发生绕击闪络。

传统交流输电线路雷击跳闸率的计算方法中，因交流输电线路各相导线工作电压对引雷效果的影响在1个工频周期内是相对均等的，因此，该模型主要适用于交流输电线路的绕击耐雷性能分析。但直流输电线路由于极性效应影响，雷电极性对两极导线防雷性能的影响是不均等的。

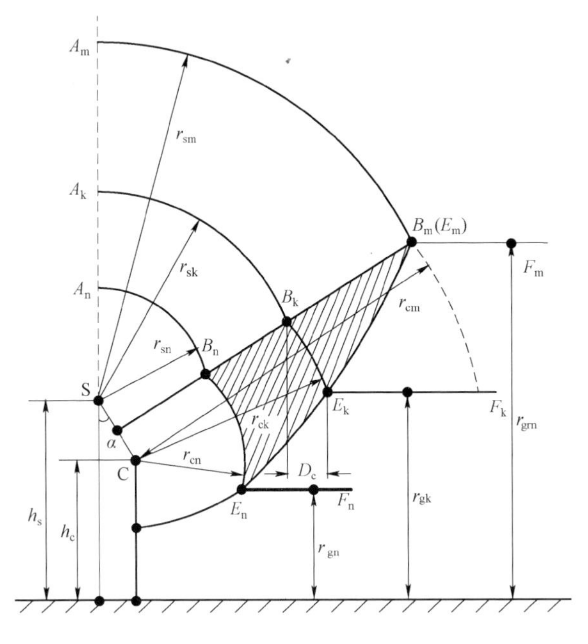

图 D.1　雷击输电线路的经典 EGM

相比于传统 EGM，考虑导线工作电压后的 EGM 在导线的击距计算方面有明显变化，即

$$r_c=1.63\times(5.015I^{0.578}-U)^{1.125} \tag{D.1}$$

式中：r_c 为雷电对其上有工作电压的导线的击距，m；I 为带极性的雷电流，kA；U 为导线上的工作电压，MV。

当雷电流极性与导线极性相反时，导线击距会比两者极性相同时更大，导线具有更大的暴露弧，而地面和架空地线的屏蔽弧不发生变化，因此更容易发生绕击。

绕击跳闸（重启）率可表示为

$$\text{SFFOR}=\frac{2\cdot N_g}{10}\int_{I_2}^{I_{sk}}D_c\cdot P(I)\mathrm{d}I \tag{D.2}$$

式中：SFFOR 为绕为击跳闸（重启）率，次/（百公里·年）；N_g 为地闪密度，次/（km^2·a）；D_c 为暴露距离，m；P（I）为雷电流幅值概率密度函数，是 P（$>I$）的导数；I_{sk} 为最大绕击电流幅值，kA；I_2 为绕击耐雷水平，kA。

附录 E　利用电磁暂态仿真程序计算线路雷电感应过电压

本书采用 ATP/EMTP 软件，通过搭建雷电流模型、感应雷模块、杆塔模型、绝缘子模型等，计算线路的雷电感应过电压。

（1）雷电流波形和雷电通道波阻抗。雷电流波形参数包括雷电流幅值、波头和波尾时间。雷电放电本身的随机性受到各地气象、地形和地质等诸多自然条件的影响。统计结果表明，雷电流波头长度大多为 1.0～5.0μs，平均为 2.6μs，波长在 20～100μs，平均为 50μs。本书仿真选取 2.6/50.0μs 的标准雷电流双指数波作为雷电流源，在线路防雷设计中，雷电通道波阻抗常取 400Ω。

（2）感应雷模块。利用电磁场与线路 Agrawal 场线耦合模型，调用 MODELS 语言编程的 MOD 感应过电压子模块来实现。

（3）杆塔模型。在杆塔高度较低、结构简单的配电网线路中，一般用集中电感模型，杆塔等效为杆塔电感。

（4）绝缘子闪络判据。在电压等级较低的配电网线路中，常用压控开关来表示绝缘子，不同型号的绝缘子其闪络电压（$U_{50\%}$）不同，可通过调整压控开关的动作电压来体现不同型号绝缘子绝缘性能的差异。

（5）接地电阻模型。当线路杆塔遭受雷击时，雷电流流入接地体，接地体呈现为电阻态，为了方便工程使用，常采用固定值的冲击接地电阻。

ATP/EMTP 电磁暂态仿真模型可精确模拟线路暂态过程，精细化计算感应雷耐雷水平。因此，本书选择 ATP/EMTP 电磁暂态仿真模型作为分析线路及杆塔耐雷性能的主要手段。

搭建相应的感应雷过电压仿真模型，如图 E.1 所示。

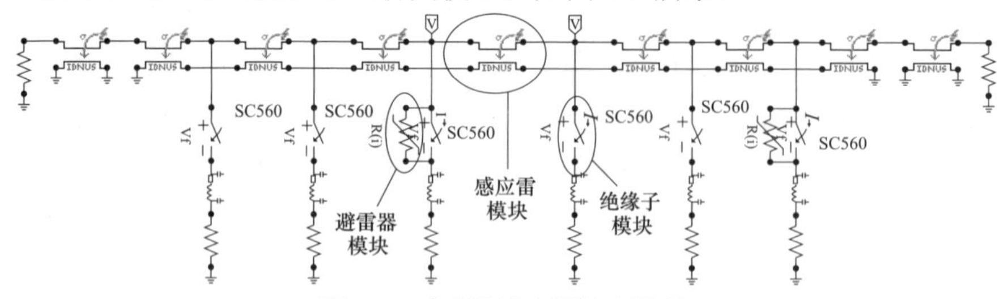

图 E.1　感应雷过电压仿真模型

参 考 文 献

[1] 谷山强，王剑，赵淳. 直流输电线路雷击防护与工程应用［M］. 北京：中国电力出版社，2020.

[2] 谷山强，王剑，冯万兴. 输电线路雷击风险评估与预警［M］. 北京：中国电力出版社，2019.

[3] 王剑，谷山强，姜文东，等. 输电线路六防工作手册·防雷害［M］. 北京：中国电力出版社，2015.

[4] 谷山强，陈维江，陈家宏，等. 雷电放电过程高速摄像观测研究［J］. 高电压技术，2008，34（10）：2030-2035.

[5] 谷山强，陈维江，向念文，等. 一次自然雷击过程的光学观测分析［J］. 高电压技术，2014，40（3）：683-689.

[6] 陈家宏，张勤，冯万兴，等. 中国电网雷电定位系统与雷电监测网［J］. 高电压技术，2008，34（3）：425-431.

[7] 谷山强，陈家宏，陈维江，等. 架空输电线路雷击闪络预警方法［J］. 高电压技术，2013，39（2）：423-429.

[8] 万启发. 输电线路雷电防护技术［M］. 北京：中国电力出版社，2016.

[9] XZ KONG，XS QIE，Y ZHAO，et al. Characteristics of negative lightning flashes presenting multiple-ground terminations on a millisecond-scale［J］. Atmospheric Research，2009，91（2-4）：381-386.

[10] STOLZENBURG M，MARSHALL T C，KARUNARATHNE S，et al. Strokes of upward illumination occurring within a few milliseconds after typical lightning return strokes［J］. Journal of Geophysical Research Atmospheres，2012，117（D15）.

[11] STALL，A CHRISTINA，CUMMINS，et. al. Detecting multiple ground contacts in cloud-to-ground lightning flashes.［J］. Journal of Atmospheric & Oceanic Technology，2009：2392-2402.

[12] THOTTAPPILLIL R，RAKOV V A，UMAN M A，et al. Lightning subsequent-stroke electric field peak greater than the first stroke peak and multiple ground terminations［J］. Journal of Geophysical Research Atmospheres，1992，97:7503-7509.

[13] GUO CHANGMING，E. PHILIP KRIDER. The optical and radiation field signatures

produced by lightning return strokes [J]. Journal of Geophysical Research: Oceans 87. C11（1982）：8913-8922.

[14] ZHANG HAN，GU SHANQIANG，et al.Single-Station-Based lightning mapping system with electromagnetic and thunder signals [J]. IEEE Transactions on Plasma Science，2019，47（2）. 1421-1428.

[15] GUO JUNTIAN，Gu SHANQIANG，Feng WANXING et al. Lightning warning method of transmission lines based on multi-information fusion：Analysis of summer thunderstorms in Jiangsu [C]. Shanghai: International Conference on Lightning Protection，2014.

[16] 王剑，谷山强，彭波，等. 国网辖区特高压直流线路防雷运行现状分析 [J]. 全球能源互联网，2018，1（4）：511-520.

[17] 陈家宏，赵淳，谷山强，等. 我国电网雷电监测与防护技术现状及发展趋势 [J]. 高电压技术，2016，42（11）：3361-3375.

[18] 陈维江，陈家宏，谷山强，等. 中国电网雷电监测与防护亟待研究的关键技术 [J]. 高电压技术，2008，34（10）：2009-2015.

[19] 赵淳，阮江军，李晓岚，等. 输电线路综合防雷措施技术经济性评估 [J]. 高电压技术，2011，37（2）：290-297.

[20] 王剑，谷山强，赵淳，等. ±800kV 直流输电线路雷害风险评估方法 [J]. 高电压技术，2016，42（12）：3781-3787.

[21] 杨庆，赵杰，司马文霞，等. 云广特高压直流输电线路反击耐雷性能 [J]. 高电压技术，2008，34（7）：1330-1335.

[22] 何金良. ±800kV 云广特高压直流线路雷电防护特性 [J]. 南方电网技术，2013，7（1）：21-27.

[23] 张刘春. ±1100 kV 特高压直流输电线路防雷保护 [J]. 电工技术学报，2018，33（19）：4611-4617.

[24] 冯杰，司马文霞，杨庆，等. 35kV 变电站雷电侵入波特性的仿真与分析 [J]. 高电压技术，2006，32（2）：89-91.

[25] 边凯，陈维江，李成榕，等. 架空配电线路雷电感应过电压计算研究 [J]. 中国电机工程学报，2012，32（31）：191-199+236.

[26] 徐绍军. 沿线侵入的雷电过电压对电子系统的影响及防护研究 [D]. 北京：清华大学，2022.

[27] TECHNICAL HANDBOOK. Transient voltage suppression devices [M]. Harris Co.，1994.

海洋
科普
小知识

人民邮电出版社
POSTS & TELECOM PRESS

北冰洋

在地球最北端，覆盖着一大片银色的冰盖，那里就是北极。

北极，终年极度寒冷，是地球上的神秘之地。

以堆积冰原覆盖的北极点为中心，向四周扩散着的是冰封的北冰洋。再加上环绕在北冰洋周围的众多岛屿、北美洲和亚洲北部的沿海地区，它们构成了北极的全部。北冰洋占据着北极的中心地带，是北极的核心和象征，同时，它也是世界上最小的大洋。

冬天，北冰洋完全封冻，太阳一直隐藏在北极的地平线以下，形成了北极的极夜。在最冷的时候，北冰洋所有的海浪和潮汐全部消失，只有无情的风雪在冰封的北冰洋上肆虐。

时间流逝，长达几个月没有太阳的日子结束了。一般在 3 月底到 4 月初时，北极的冰雪开始从边缘向中心方向逐渐消融，伴随着海冰融化、破碎和碰撞时发出的轰鸣。太阳逐渐露出地平线。这时，万物复苏，夏天的脚步越来越近。

夏天，北冰洋的大多数区域最高温度也不到 0 摄氏度；而边缘地带的气温，可以回升到 0 摄氏度以上。

从现在起，太阳会连续几个月高悬在天上，形成北极的极昼。那些日夜轰鸣的破裂的冰层，这时变成北冰洋海面上漂浮着的一块块直径大于 5 米的冰体。一座座冰山厚度可以达到 200 ~ 300 米，特别巨大的冰山长度甚至能达到十几千米。这些冰山绝大多数是从靠近大陆的冰盖和冰架上崩落下来的，一些特别巨大的冰山可以在海面上漂浮 4 年。海冰在风和海流的推动下不断移动着，最远能漂移几百千米的距离。

在北极短暂的夏天里，从前清冷的天空变得越来越热闹。海鸟们纷纷归来，飞翔在北冰洋敞开的胸怀中。它们一边捕食丰富而美味的鱼类和浮游生物，一边筑巢繁育后代。

北冰洋边缘地带的大部分土地平坦而广阔，冰封的积雪都已融化，地表层的冻土也在解冻。这里的大地上没有高大的树木生长，只有一些矮小的植物利用难得的夏天快速地发芽、开花，为北极的植食性动物居民们提供食物。这些动物当然不会辜负北极的心意，它们要尽可能地储备足够多的营养和脂肪，用以迎接即将到来的北极寒冬。

这些植食性居民常年生活在北冰洋周围的陆地上，成员中既有驯鹿和麝牛，也有北极兔和旅鼠等动物。它们将自己的一生都交付于北极，同时也被北极的肉食性动物所依赖着。这些肉食性动物又包括北极狼、北极狐和北极熊。当然，属于杂食性的人类也离不开这些生物。

因纽特人

作为地球上最大的岛屿，北冰洋上的格陵兰岛的绝大部分区域都被冰雪所覆盖。每一年都有新的蓝冰在不断堆积，使得格陵兰岛最深处冰盖的冰层已有几十万至 100 万年。

格陵兰岛的寒冷令常人难以忍受，但是这蓝冰的岛屿，甚至整个北极，依旧成为人类永不愿舍弃的生存之地。因纽特人就是这片极寒世界的真正英雄。

因纽特人个子不高，宽鼻子、黑头发，有着黄种人的典型外貌特征。他们能在北极坦然面对长达半年的连续黑夜，也能在零下几十摄氏度的冷酷环境中生存与奋斗。

因纽特人定居在北极的大部分地区，驰骋在冰雪的天地之间，在陆地和海洋捕捉他们眼中的猎物。他们会利用高超的智慧和技巧去猎捕海豹、海象，还敢赤手空拳去和陆地上最凶猛的动物之一北极熊一决高下。

每到夏天，因纽特人便开始在融化的北极陆地上搜寻鸟类和鸟蛋，也会借助兽皮缝制的皮艇和手中的标枪，猎捕海中庞大的鲸。

因纽特人全部的生活都依靠狩猎，他们吃猎物的肉，穿猎物的皮毛，用猎物的油脂照明和烹饪，还会把猎物的骨头制作成生活用具和狩猎工器。所以一旦捉不到猎物，因纽特人就会有生命危险，小至一个家庭，大到整个部落。

因纽特人在严酷的环境中顽强地生存着。随着现代文明的不断渗透，如今因纽特人已经接受先进的生活方式，他们用雪地摩托车代替狗拉雪橇，用摩托艇代替传统皮艇，用步枪代替传统狩猎工具。

生活在格陵兰岛北部的因纽特人，会在冬、春、夏三季猎捕海豹，每年 6 ~ 8 月打鸟捕鱼， 9 月猎捕驯鹿。而居住在阿拉斯加北部的因纽特人，则是全年都在猎捕海豹，他们还在春天猎捕驯鹿，4 ~ 5 月的时候猎捕鲸。

时至今日，因纽特人一直保持着他们的传统，狩猎时依旧喜欢使用鱼叉。

因纽特人享有在北极狩猎的特权，保持着吃生肉的习惯，还特别喜欢吃保存了一段时间稍微有些腐败的肉。

当猎捕到海豹后，因纽特人不仅会吃海豹肉，还会将海豹的肝脏和肠当作人间美味。而他们认为口感最差的肉就是海象肉。因纽特人持有一种传统观念：把肉做熟了吃，是对食物的一种糟蹋。

目前，全世界共有 6 万多因纽特人在冰雪的北极生活，他们保持着自己的民族特性，口口相传着因纽特人古老的传说与文化。

因纽特人在北极地区的居住地很分散，文化也各有不同。他们如同北极冰原上的霸主北极熊一样，将永远闯荡于酷寒的天地之间，傲然不屈。

北极熊

北极熊体形巨大，生性凶猛，能在世界上最恶劣的环境中生存，是世界上最大的陆地食肉动物。北极熊的视力与听力和人类差不多，而嗅觉灵敏度极高，是犬类的 7 倍，可以嗅到几千米范围内或 1 米厚的冰雪以下的气味。北极熊还具有超过人类百米世界冠军 1.5 倍的奔跑速度。它不但跑得快，更是个出色的游泳高手，它约 25 厘米宽的前脚掌可以在水中划动，而在冰雪上行走时，它宽大的后脚掌又会发挥重要作用。

北极熊每天大部分时间在睡觉、休息或观察猎物，只留下 1/3 左右的时间行走或游泳，最后，还剩下不到 2% 的时间用在狩猎上。

但狩猎是北极熊一生中最重要的事情！

北极熊是熊类中最喜欢吃肉的族群。它最爱吃能为身体提供能量的动物脂肪。对于辛苦捕获的猎物，北极熊绝不允许任何其他生物，哪怕是同类的觊觎。只有在面对比自己高大的同类时，处于弱势的北极熊才会考虑放弃自己的猎物。而对于一头正在哺育幼崽的雌北极熊来说，即便是面对一头高大的雄北极熊，它也会为了保卫自己的食物与对手放手一搏。

虽然会捍卫自己的猎物，但每当吃饱后，不管剩下多少食物，北极熊都会很大方地弃之不管、扬长而去，任凭其他动物尽情享用它的残羹剩饭。北极熊从来不会像其他熊类那样把多余的食物存储起来。

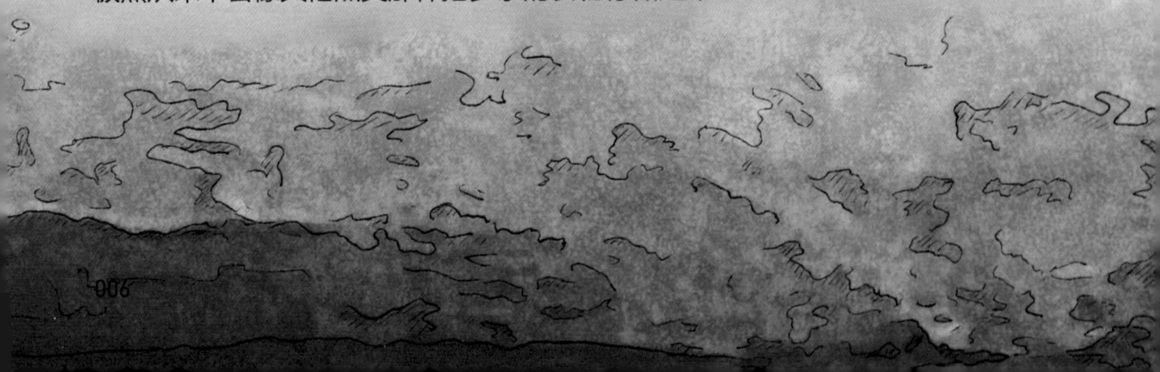

吃完一顿美餐后，北极熊还要做一件重要的事儿，那就是把身上的食物残渣和血迹清理得干干净净。不过，别看北极熊有着透明的看起来有些偏黄的白色毛发，其实它的皮肤是黑色的。

北极熊一辈子都活动在北冰洋的有冰海域，过着水陆两栖生活。特别是每年的 3 ~ 5 月，北极熊为了觅食，会不停地奔波于各个浮冰之间。只有到了最冷的冬天，它才会寻找一个避风的地方就地卧倒，将呼吸节奏放缓，进入呼呼大睡的“冬眠”期。在这段时间，北极熊可以很长一段时间不吃东西。此时，要是遇到突发情况，一直保持“冬眠”状态的北极熊就会立刻清醒，以保证自己的性命安全。

即便是到了夏天浮冰减少的时候，若北极熊实在无处觅食，也会出现“夏眠”的做法，以降低体能的消耗。

每年的春天，雄北极熊会通过激烈的竞争获取雌北极熊的爱意。这是北极熊在为繁衍后代做积极的准备，以保证在北极的世界中永远存在北极熊的身影。

北极熊虽身为北极霸主，却并不伤害人类，反而人类才是北极熊的重要威胁。

人类社会的工业污染和偷猎行为，无不威胁着北极熊族群的延续和发展。日益严重的全球气候变暖问题，让北极的冰雪提前并加速消融。随着冰雪消融的速度越来越快，北极熊狩猎场地——浮冰存在的时间越来越短，北极熊挨饿的时间也就变得越来越长。

在今天，全球气温依旧不断升高。按照目前气温升高的速度，科学家预测，北极熊将在 2100 年灭绝。

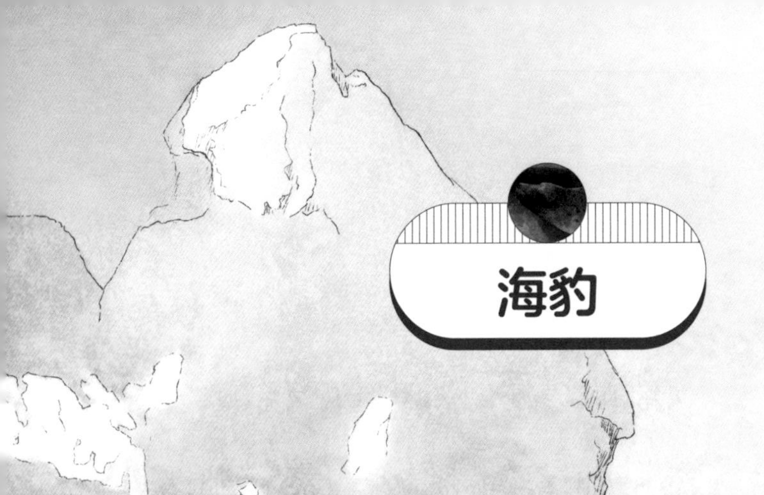

海豹

在北极，海豹是因纽特人和北极熊最为关注的目标。同时，海豹也在时时刻刻提防着这些顶级猎手们的捕杀。为了能更好地保护自己，生活在北极的海豹不断地上演着残酷而紧张的生存大戏。

海豹流线型的身体非常适合游泳。游泳时，海豹的两个圆洞形的耳朵就会自由开闭，以保证它能在海水中如鱼一样飞速游动。可是，当海豹爬到冰面上或陆地上时，身体就会变得有些笨拙，这就使得海豹一旦离开海水就身处险境，要时时警惕狩猎者的身影。海豹虽然是哺乳动物，但在大多数时间里，它在水中游泳、嬉闹和猎食。

大约在每年的 12 月，年轻强壮的雄海豹开始寻找配偶。9 个月后，这些雄海豹的后代就会陆陆续续来到这个世界。为了迎接小海豹的到来，每一头海豹妈妈都会离开海豹群，到陆地或浮冰上寻找一处安全的产房，生下自己的海豹幼崽。

小海豹出生后，就开始了不断地成长，它们不但要学习捕猎技术，还要让自己快快变强壮，并学会如何保护自己，不被强大的猎手捕获。

在北极，海豹第一要防备的就是来自因纽特人的威胁。对于海豹来说，人类实在太聪明了。每到夏天，因纽特猎人就会划着单人皮艇，静悄悄地在海面上搜索，他们的眼力非常好，可以发现远在 200 米外的海豹。

到了冬天，海面结冰，身为哺乳动物的海豹，每在水下潜游 7 ~ 20 分钟，就必须浮出海面呼吸新鲜空气。为了不让自己窒息而死，海豹会在水下向上把冰层凿出一个个呼吸孔。而海豹每一次来呼吸孔换气时，都要小心提防外面是不是有潜伏着的因纽特人和北极熊。

随着春天的来临，越来越长的白昼使海豹越发没有安全感。每当海豹从海里爬到冰面上去晒太阳，往往都会躺在呼吸孔旁，或躲在碎冰块之间，一边休息，一边防备着四周的危险，比如偷偷潜伏而来的因纽特人和北极熊。

对于人类来说，海豹肉质鲜美，脂肪可以用来提炼工业用油，海豹皮则可以制作衣物。事实上，除去因纽特人因生存而捕杀，海豹还遭到很多国家的专业捕杀，再加上环境污染等影响，海豹正面临着前所未有的生存挑战。

海象

与海豹一样同是鳍足亚目的北极哺乳动物中，有一种强壮而庞大的动物——海象。

海象是北极和北极附近温带海域的固定“居民”。海象的皮肤厚度可达 1.2 ~ 5 厘米，皮下脂肪厚 12 ~ 15 厘米。这样的构成足以使海象庞大的身体轻易不会受伤，更可以让它们在冰冷的海水中自由生活。海象大部分时间生活在冰冷的海水中。为了适应这种生存环境，海象的四肢也和海豹一样，都退化成了鳍状。

海象来到陆地上主要是为了休息和睡觉，也在陆地上繁殖和换毛。在陆地上时，它们总是不停地用鳍肢摩擦驱除皮肤上的寄生虫。别看海象在陆地上行走时摇摇晃晃的，显得非常笨拙，可海水中却是它们自由驰骋的天堂。

因此，海象强健的肌肉和鳍状四肢变得非常有力而灵敏。它们用后鳍肢发力向前推进身体，用前鳍肢掌控方向，并能像蝙蝠一样依靠声音进行定位。

海象的音域很宽，还能发出如犬吠、敲打、钟声等各种各样的声音。特别是到了繁殖季，雄海象还能向雌海象“唱”出求爱的“歌曲”。

在繁殖季，每一头雄海象都要在海滩上建立自己的地盘，以便拥有更多的交配对象。最强壮的雄海象能占据最好的位置，体质最差的就只能退守海滩尽头，甚至是海中小得可怜的礁石上。

雌海象每 3 年才能生一个海象宝宝。

海象喜欢在浅海沿岸富含沙砾的海底觅食软体动物。海象不吃鱼，却偶尔会捕食一角鲸和海豹。在捕猎一角鲸或海豹时，海象会用强壮的前鳍肢将猎物紧紧抱住，再利用庞大的身体和体重，长时间地将猎物压到水下，直到猎物被憋死后再慢慢享用美餐。海象的胃口很好，一天可以吃大约 50 千克食物。

和北极熊、海豹一样，随着北极气温的不断升高，能够供海象栖身的海冰越来越少。有时，海象群不得不挤在一块小得可怜的地方。过于拥挤的环境常常会使海象群内部发生踩踏、伤亡事件，甚至被挤到高处后坠落而亡的惨剧也时有发生。

海象虽身为优秀的海洋捕猎者，但同样也是其他动物狩猎的目标。每当海象遇到虎鲸无法逃脱时，它们会采用集体合作的方式与虎鲸展开一场殊死搏斗，而聪明的虎鲸却会采用截然不同的策略，将落单的海象作为目标进行攻击。

为了能填饱肚子，北极熊也会对海象进行捕猎。北极熊的熊掌力大无比，完全可以拍碎海象的脑壳。

但在能够使用武器的人类面前，海象的反抗就显得十分无力。除去因纽特人为了食物和生存而捕猎海象，还有更多的人类捕猎者是为了得到海象的一对长牙。

海象在面对狩猎者的围捕时，还有一定的反抗能力，但在人类过度开发海洋带来的污染面前，它们和其他很多动物一样，全都变得束手无策。目前，急剧减少的海象数量，正是海象为争取种族生存而发出的惨烈呐喊。

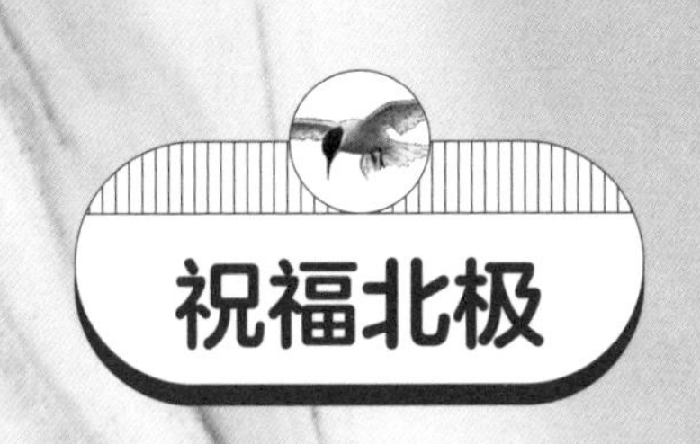

祝福北极

北极——地球上的纯净之地，是最能引起人类好奇和探索的冰雪世界之一。这个银色的王国，在海冰不断漂移、破裂和融化的过程中，造就着北冰洋这片清冽的海洋。

北冰洋表面的绝大部分区域被冰雪永久覆盖着，格陵兰岛沿岸的绝大部分地区，也终年被冰雪所覆盖。假如格陵兰岛上的冰雪全部消融，地球的海平面将升高 7.5 米。幸运的是，格陵兰岛和北冰洋构成的冰封世界，如今依旧“尽职地”调节着地球的温度和气候。

每一年，北极冰雪融化后形成的冰川，都会以数百亿吨的量级相互向前推挤着漂移，并带着惊天动地的轰鸣落入北冰洋，形成漂浮在海上的冰山。

每一年，北极冬天的降雪都会积聚起来，形成巨大的冰量。

每一年，由于冰雪融化，冰量也在大量流失。就算是现在，科学家也无法计算出格陵兰岛的冰量是在增长还是减少。

但受全球气候变暖的影响，冰雪融化的速度正在进一步加快，越来越多的地区已经没有海冰存在，使北极熊、海豹与海象等依靠海冰捕猎和生存的北极动物遭受着毁灭性的打击。

让我们祝福北极，祝福所有生活在北极的可爱生命。

祝福北极熊早日恢复原本的样子。

人类对北极最郑重的承诺是什么？就是从我做起，减少碳排放，减少温室气体效应。

保护环境，不仅是我们对北极的承诺，也是北极对地球和我们人类的期许。

祝福北极！